U0396593

绍兴菜是中国著名八大菜系中
浙菜的重要组成部分，
是浙菜的摇篮和发祥地。

绍兴地方特色菜
实训教程

主　编　李志强

副主编　曾金春　陶胜尧

浙江工商大学出版社 杭州
ZHEJIANG GONGSHANG UNIVERSITY PRESS

图书在版编目(CIP)数据

绍兴地方特色菜实训教程 / 李志强主编. — 杭州：
浙江工商大学出版社，2021.7
ISBN 978-7-5178-4615-4

Ⅰ.①绍… Ⅱ.①李… Ⅲ.①菜谱-绍兴-中等专业
学校-教材 Ⅳ.①TS972.182.553

中国版本图书馆 CIP 数据核字(2021)第 151064 号

绍兴地方特色菜实训教程
SHAOXING DIFANG TESE CAI SHIXUN JIAOCHENG

主　编 李志强　副主编 曾金春　陶胜尧

责任编辑	郑　建
责任校对	韩新严
封面设计	浙信文化
责任印制	包建辉
出版发行	浙江工商大学出版社
	(杭州市教工路 198 号　邮政编码 310012)
	(E-mail:zjgsupress@163.com)
	(网址:http://www.zjgsupress.com)
	电话:0571-88904980,88831806(传真)
排　　版	杭州朝曦图文设计有限公司
印　　刷	广东虎彩云印刷有限公司绍兴分公司
开　　本	880mm×1230mm　1/32
印　　张	10.625
字　　数	257 千
版 印 次	2021 年 7 月第 1 版　2021 年 7 月第 1 次印刷
书　　号	ISBN 978-7-5178-4615-4
定　　价	69.00 元

本书编委会

主　　　编　李志强

副　主　编　曾金春　陶胜尧

参加编写人员　黄建飞　傅江杨　茅天尧　余铁军

余秀光　徐杭锋　杨　坚　裘　侃

周　平　陈功年

内容提要

绍兴菜博大精深,底蕴深厚,风味迷人,历来深受广大食客的青睐,是中国著名八大菜系中浙菜的重要组成部分,而且不论从平行的古文化带(西起埃及,东至中国的吴越)来看,还是根据上古时代许多神话、传说推断,绍兴都是浙菜的摇篮和发祥地。

本教材是中职烹饪专业选修课教材,面向中职二年级学生,是在"烹饪基本功训练""烹饪原料与营养""中式热菜"等课程之后开设的地方特色拓展课程教材。

本教材介绍以传统绍兴菜为核心,突出绍兴各地传统名菜名点,结合当代绍兴酒店行业中的创新菜、特色菜。共收录绍兴特色典型菜例 165 例,其中绍兴菜(越城、柯桥)38 例、上虞菜 85 例、诸暨菜 11 例、新昌菜 11 例、嵊州菜 10 例,以及创新成果和典型案例——上虞岭南"谢公宴·十碗头"10 例,充分反映了绍兴各地的主要烹饪技法和风味特点。

前　　言

绍兴菜是富有江南地区水乡文化的风味名菜,是中国饮食文化的重要组成部分。绍兴菜以淡水鱼虾河鲜及家禽、豆类为烹调主料,注重香酥绵糯、原汤原汁、轻油忌辣、汁味浓重,而且常用鲜料配以腌腊食品同蒸同炖,配上绍兴黄酒,醇香甘甜,回味无穷。其中清汤越鸡、干菜焖肉是有名的菜品。

1956 年 3 月,浙江省饮食公司在杭州举行大型饮食品展览会,评定了 56 种浙江名菜,绍兴入选 5 种:"头肚醋鱼""扎肉""白斩鸡""酱鸭"和"单腐"。

现今,随着国民经济的快速发展,以及全城游的兴起,越菜进入前所未有的繁荣时期。餐饮业蓬勃发展,饭店酒楼如雨后春笋,名菜名点众多,绍兴菜传统精华得到了有效的传承和升华,以"干菜焖肉""清汤鱼圆"等为代表的绍兴传统佳肴成了国宴名肴,"越味龙虾""酒香鱼翅四宝"等名品新肴,也得到开发应用。中国绍兴菜鲜明的个性、独特的风味,备受世人瞩目。绍兴菜走天下,与时俱进,融入时代,不断地借鉴吸收各菜系之长,交相辉映。绍兴厨师在全国和省烹饪技术比赛中屡获金牌,为绍兴菜增光添彩,中国绍兴菜呈现一片勃勃生机。

本书的编撰旨在整理和总结绍兴地方特色菜肴,使绍兴特色菜与烹饪专业教学相适应,推进选择性教学改革,指导烹饪专业教育教学,推进职业教育教学规范化。

本书可作为中职烹饪相关专业选修课教材,也可作为餐饮行业、烹饪爱好者学习用书。本书另有视频、图片、多媒体课件、教案等配套资源，可在精品课程网站下载使用。

本书由李志强、曾金春、陶胜尧、黄建飞、傅江杨、周平等人参加编写，全书由李志强统稿、审核。本书编写过程中，得到绍兴市名厨委茅天尧大师、余铁军大师，上虞区名厨委陈功年大师，新昌技师学院余秀光老师，诸暨技师学院徐杭峰、杨坚老师，嵊州职业技术学校裘侃老师的大力支持，在此一并致谢。

因编写时间仓促，差错之处在所难免。恳请各位师生、读者在使用过程中提出意见，以便再版时修改。

编　者

2021 年 3 月

目 录

绍兴菜(越城、柯桥)

上虞菜

诸暨菜

新昌菜

嵊州菜

附件:创新成果和典型案例——上虞岭南"谢公宴·十碗头"

绍兴菜（越城、柯桥）

1. 茴香豆

【菜肴】茴香豆

【主料】蚕豆 400g

【调料】盐、茴香、桂皮、香叶

【烹调技法】煮

【制作过程】

1.干蚕豆洗净用温水浸泡。

2.泡好的豆子入锅,加适量的水,用大火煮约 15min。掀开锅盖,见豆皮周缘皱凸,中间凹陷,马上加入茴香、桂皮、食盐,再用文火慢煮,使调味品从表皮渗透至豆肉中。

3.待水分基本煮干后,离火冷却即成。

【风味特点】

茴香豆酥软清鲜,香味浓厚。茴香豆表皮起皱呈青黄色,豆肉熟而不腐,软而不烂,咀嚼起来满口生津,五香馥郁,咸而透鲜,回味微甘。民间认为茴香豆"入肚暖胃",越嚼越有味,因而有"桂皮煮的茴香豆,谦裕、同兴好酱油,曹娥运来芽青豆,东关请来好煮手,嚼嚼韧纠纠,吃咚嘴里糯柔柔"的民谣。

【知识链接】

此菜是浙江省绍兴地区汉族民间小吃,由于价廉物美、经济实惠,逐步被城乡酒店作为四季常备的"过酒坯"。茴香豆表皮起皱呈青黄色,豆肉熟而不腐、软而不烂,咀嚼起来满口生津,五香馥郁,咸而透鲜,回味微甘。鲁迅在《孔乙己》中描述了孔乙己吃茴香豆及"茴"字的四种写法,因此,凡是来到鲁迅故里的旅客,多半都要慕名到附近的咸亨酒店,身临其境地品尝一下茴香豆和绍兴黄酒,体验当年孔乙己的生活,欣赏越郡的古朴民风,临走时还要捎带几小袋茴香豆去馈赠亲友。光咸亨酒店茴香豆的日销量就超过 300kg。

2. 醉 鸡

【菜肴】醉鸡

【主料】三黄鸡

【调料】葱 2 根、姜 4 片、精盐 20g、花椒 10 粒、绍兴黄酒 250g

【烹调技法】熟醉

【制作过程】

1.将鸡宰杀后浸烫煺毛，去内脏，在鸡脚关节周围用刀划断鸡皮(避免煮时鸡皮爆裂),冲洗干净待用。

2.炒锅置旺火上,放清水 2kg,烧开后将鸡放入,待鸡皮紧缩,捞出,用清水冲洗净。锅中的汤倒入盆内,另换清水 4kg,放入鸡,用旺火烧开后移至小火上煮 0.5h 左右,熟后取出,放在容器里,倒入煮鸡原汤,淹没鸡身,晾凉。

3.炒锅中放入姜片、葱段、精盐、花椒、绍兴酒,倒入煮鸡的热汤,待冷却后,将鸡斩去爪、头和尾,对剖两半,再从肋骨处斩开,分成 4 块,将鸡块浸在醉卤中,放入冰箱内冷藏 24h 左右。

4.食时,将鸡切成约 6cm 长、2cm 宽的小条,先用零碎鸡肉、头、颈等垫底,再将鸡条覆盖在上面,浇上少许醉卤即成醉鸡。

【风味特点】

鸡肉肥嫩油润,鲜咸适口,酒香扑鼻,开胃健脾。

【制作要点】

1.此菜选用虞南山区散养三黄鸡为主料。

2.用刀划断关节周围鸡皮,煮时用小火,避免鸡皮爆裂,影响美观。

3.制醉卤时,需待醉卤冷却后,再加入鸡块醉制。

【知识链接】

这道菜以煮为主,很符合营养学上少油的烹调原则。若鸡肉能先去皮再烹煮,油脂会更少。若加入当归、枸杞等进行配伍,将具有中医学上的保健功效。

3. 绍兴酱鸭

【菜肴】绍兴酱鸭

【主料】鸭子

【调料】盐、酒、白糖、葱、姜

【烹调技法】酱

【制作过程】

1. 鸭空腹宰杀，洗净后在肛门处开膛挖出内脏，除去气管、食管，再洗净后斩去鸭掌，用小铁钩钩住鼻孔，浸在酱油里，挂在通风处晾干。

2.将精盐,在鸭身内外均匀地擦一遍,将鸭头扭向胸前夹入右腋下,平整地放入缸内,上面用竹架架住,用大石块压实,在0℃左右的气温下腌12h即出缸,倒尽肚内的卤水。

3.将鸭放入缸内,加入酱油以浸入为度,再放上竹架,用大石块压实,在气温0℃左右浸24h将鸭翻身,再过24h出缸。然后在鸭鼻孔内穿细麻绳一根,两头打结,再用50cm长的竹子一根,弯成弧形,从腹部刀口处放入肚内,使鸭腔向两侧撑开。然后将腌过的酱油加水50%放入锅中煮沸,去掉浮沫,将鸭放入,用手勺舀卤水不断浇淋鸭身,至鸭成酱红色时捞出沥干,在日光下晒两至三天即成。

4.食用前先将鸭身放入大盘内(不要加水),淋上绍酒,撒上白糖、葱、姜,上笼用旺火蒸至鸭翅上有细裂缝时即成,倒出腹内的卤水,冷却后切块装盘。

【风味特点】

色泽红润,酱香浓郁。

【知识链接】

酱鸭是绍兴的传统名肴、冬令佳品,每逢冬至之后,大街小巷,山村乡里,户户屋前,家家檐下,酱鸭挂晒满杆,旭日霜气之下,香气四溢,一番越中风景情趣。

4. 醉　蟹

【菜肴】醉蟹

【主料】河蟹 500g

【调料】葱 2 根、姜 4 片、精盐 20g、花椒 10 粒、绍兴酒 250g

【烹调技法】醉

【制作过程】

1.河蟹在清水中养至吐尽污水,洗净沥去水分。

2.放入坛中,加入特制的醉蟹卤浸醉,3天后,即可使用,食用时姜、醋蘸着吃。

【风味特点】

清香味鲜。

【制作要点】

1.要选用绍酒进行醉制。

2.在醉时要注意对容器进行密封处理。

【知识链接】

"醉蟹"相传由在安徽做幕友(顾问)的绍兴师爷所创。当时,淮河两岸蟹多为患,当地百姓却不知食用,庄稼遭害,驱赶无方,十分惊恐。师爷便向州官提议,鼓励百姓捕捉,上交官府,他则备好许多大缸和食盐、黄酒,将蟹醉制起来,然后到各地销售,绍兴俗称其为"淮蟹"。

绍兴"醉蟹"即是在此基础上改良而成,经选蟹、养蟹、制卤、浸泡、醉制等工序精制,讲究制作周期、食用时期。特具清香肉活、味鲜吊舌的特点。绍兴醉蟹一般是由上好的绍兴花雕酒醉制而成。而花雕酒含有丰富的营养,有"液体蛋糕"之称,其营养价值超过了有"液体面包"之称的啤酒和葡萄酒。绍兴花雕酒中含有丰富的氨基酸,舒筋活血,具有美容抗衰老、保护心脏的功效。因此,绍兴醉蟹具有一定的营养价值,老少皆宜。

中医认为螃蟹性寒、味咸,归肝、胃经;有清热解毒、补骨添髓、养筋接骨、活血祛痰、利湿退黄、利肢节、滋肝阴、充胃液之功效;对于淤血、黄疸、腰腿酸痛和风湿性关节炎等有一定的食疗效果。但要注意食螃蟹饮用冷饮会导致腹泻。

5.糟　鸡

【菜肴】糟鸡

【主料】越鸡 1 只,约重 2500g

【调料】精盐 125g、绍兴香糟 250g、绍兴糟烧酒 250mL、味精 5g

【烹调技法】糟

【制作过程】

1.选用当年新阉肥嫩雄鸡,宰净,放入沸水中余 5min,取出洗净血污,放入锅中加水至浸没,在旺火中烧沸,移至小火上焖 20min

左右,端离火将其冷却。然后将鸡取出沥干水,放在砧板上,先斩下头、颈,用刀从尾部沿背脊骨对剖开,剔出背脊骨,拆下鸡翅,再取下鸡腿,并在腿内侧厚肉处划一刀。将鸡身斜刀切成两片,用精盐 75g 和味精拌匀,擦遍鸡的身、翅、腿各个部分。

2.将香糟、精盐 50g,加冷开水 250mL 拌匀,放入糟烧酒,搅匀待用。

3.取罐一只,将搅匀的酒糟放 1/3 于罐底。用一块消毒过的纱布盖住罐底酒糟,将鸡身、翅、腿放入罐内,另取纱布袋一只,装入酒糟,覆盖在鸡的上面,密封罐口存放一天即可食用。

【风味特点】

肉质鲜嫩,糟香扑鼻,别具风味,是冬令佳品。

【制作要点】

1.此菜所用糟烧酒、香糟以绍兴产为最好,糟烧酒以 50℃为宜。

2.选用当年阉过的雄鸡最好,越鸡产于绍兴一带,是当地特产之一,其鸡肉洁白肥嫩,鸡骨松脆,宋代时,越鸡就很有名。

【知识链接】

糟鸡源于唐宋时期,出自宫廷。宫廷里有个厨师善于做糟鱼,他做的糟鱼上至皇帝下至文武百官都喜爱吃,他用制作糟鱼的方法试制作糟鸡。经过近千次的增减材料,终于做成了糟鸡。这种鸡刚出锅如一摊烂泥,拿不成个,只有等凉了,才可以拿起来。糟鸡骨肉皆酥,既有北方的五香味,又有南方的甜、咸、麻、辣味。厨师把糟鸡献给皇帝品尝,皇帝一吃,龙颜大悦,自此,糟鸡成为宫廷内部的一道名菜。后来,文武官员尝到糟鸡后,也纷纷让自家的厨师到皇宫里学习制作技术。再后来,和官员有来往的富人家,也有了专门做糟鸡的厨师。

6.酥　鱼

【菜肴】酥鱼

【主料】草鱼

【调料】葱、姜、蒜、生抽、老抽、盐、味精、绍酒、白糖、白胡椒粉、香醋

【烹调技法】油炸卤浸

【制作过程】

1.草鱼清洗干净，切成约 1cm 厚的鱼块。

2.鱼块加姜丝、葱段、一勺生抽、一勺料酒，进行腌制。

3.制作酱汁:5g左右的姜、少许大葱、半勺盐、三勺生抽、半勺醋、半勺糖、适量纯净水,搅拌均匀即可。

4.热锅冷油,油热之后转中火。(大火容易烧糊,小火炸不出酥脆的感觉)

5.炸鱼块,至两面焦黄即可,注意控制火候。

6.将炸好的鱼块,过一遍酱汁,吸饱酱汁后摆盘即可。

【风味特点】

干香鲜美,味甘松软,最宜下酒。

【制作要点】

1.腌制鱼块时要腌制入味,制作酱汁时要注意比例。

2.炸制鱼块时要待油温至五六成热时再下入油锅。

3.鱼块过酱汁时要快,否则将影响鱼的酥脆质感。

【知识链接】

酥鱼既是一道尚好的下酒菜,又是一样绝美的休闲小吃,以色泽黄亮、色香味美、骨酥肉嫩、溢香爽口、久吃不腻而著称,同时可做成咸、甜、鲜、麻、辣等多种口味,能让喜欢不同口味的人都赞不绝口。这就是酥鱼味道的基石,这就是让无数消费者拍案叫绝的酥鱼味道。酥鱼不仅传承华夏五千年传统美食文化,携悠久文化底蕴,更迎合现代人渴求健康、原味的需求,可以让人们重新体味老祖宗的文化遗产,释放在现代社会生存压力和环境压力下心中的情绪。

相传乾隆十六年间,乾隆以督察河务海防、考察官方戎政、了解民间疾苦以及奉母游览为由,第一次南巡江浙。正月十三日,乾隆奉皇太后离京,经过直隶、山东到达江苏清口。至二月八日,渡黄河阅天妃闸、高家堰,经过淮安,然后由运河乘船南下,经扬州、镇江、丹阳、常州至苏州。

　　同年三月,到达杭州,参观敷文书院;然后登观潮楼阅兵,遍游西湖名胜,品尝西湖美味,而西湖美味中有一道菜叫西湖醋鱼,可是随从们都吃不惯,因为乾隆皇帝的随从大多是北方的,吃不惯江南酸溜溜的味道。其中有一位随从是宁波的,他家距杭州100多千米,就靠近绍兴上虞的边缘。进京当官后已经有很多年没能回家,好不容易这次随乾隆一起下江南,但是又不敢单独提出要回家看看,所以他寻思着用什么方法能回家。

　　他吃过上虞白马湖的酥鱼,味道鲜美,尝后不能忘怀。而白马湖位于绍兴上虞一个叫"驿亭"的地方,"驿亭"又靠近宁波的余姚。所以他现在正好趁这个机会提议乾隆,到江南如果不到白马湖品尝酥鱼实乃遗憾,乾隆听出他有弦外之意,考虑了一下不紧不慢地对他说:这么多年了你是想家了吧?那个随从立刻跪下说:奴才不敢。乾隆哈哈大笑说:好。其实乾隆是看在他忠心耿耿这么多年分上,一来顺水推舟恩准了他的提议,二来也刚好去了解下宁波的民间疾苦,顺便也品尝下他说的白马湖酥鱼的味道。

　　当日起航沿杭州湾往曹娥江东下,到了第二天的中午到了上虞境内,上岸后沿着马路走了9千米到了"驿亭",众人均已有吃饭的想法,就找了那个街上最大的鱼馆。那个鱼馆也没有店名,只有一个大大的用繁体字写的鱼字。乾隆他们坐下后就问店老板什么鱼最好吃,店老板就介绍他们吃草鱼。乾隆问草鱼怎么吃,店老板答做酥鱼吃。乾隆他们吃了后感觉这个酥鱼比西湖醋鱼要好吃百倍,那个宁波的随从偷偷地塞给店老板一个大元宝。大家商量着要感谢店老板,想来想去,索性给他赐个店名吧。乾隆说这个地方靠近宁波又属于绍兴地界,那就赐个"绍氏鱼坊"吧。而这个店老板不识字,也不知道来店吃鱼的是乾隆皇帝,把乾隆给他的写有"绍氏鱼坊"四个字的一张纸就随便插在了厨房门的门档上。在乾隆他们走后的第三天,听说上虞来了上百位文武官员,浙江各地的大大小小官员全集结在上虞,这些官员是听闻乾隆来上虞而连夜赶路到上虞的,因为他们已经打听到乾隆是在曹娥江上虞境内上岸的,必定还在上虞下船,所以都赶到上虞想见见乾隆皇帝,而这样一来可就忙死了上虞的官员,他们四处打听乾隆的行踪,最后找到了驿亭最大的鱼馆,当这些官员看到"绍氏鱼坊"四个字的时候都纷纷下跪,确信乾隆就在上虞,因为不少官员认得乾隆的笔迹。

这时候鱼馆老板才知道原来乾隆来他店里是来吃酥鱼的。结果这些官员在上虞等了一个星期都没有等到乾隆,原来乾隆一行在驿亭吃了饭后改用马车坐到余姚再到宁波,后来又在宁波坐船回了杭州。而这些文武百官在上虞没有等到乾隆,商量如何在上虞留下点什么以代表对皇上的一片忠心,后来和上虞官员一起商量把上虞的城区写成百官的地名来告诉乾隆,所以百官地名也由此而来。

7. 鲞冻肉

【菜肴】鲞冻肉

【主料】猪五花肉 350g

【配料】黄鱼鲞 100g

【调料】黄酒 50g,酱油 50g,白糖 15g,葱姜各 10g,猪皮 100g,香叶、桂皮、茴香各 2g,味精 10g

【烹调技法】烧、冻

【制作过程】

1.选 2/3 瘦、1/3 肥的猪五花肉洗净沥干,切成长 3cm、宽 2cm

的条形;黄鱼鲞刮鳞去鳃洗净沥干,切成长、宽各为 2cm 的正方块;猪皮切成长 10cm、宽 4cm 的条状备用。

2.炒锅烧热滑锅,将葱姜煸一下,加入黄酒、清水 500mL、酱油、白糖、味精、香叶、桂皮、茴香,放入五花肉、黄鱼鲞、猪皮,用大火烧沸,撇去浮沫。

3.加盖用小火烧 1 小时 50 分钟至酥软,出锅分盛在小碗里,冷却结冻即成。

【风味特点】

咸鲜合一,鲜香酥糯,红亮晶莹,油而不腻,别有风味。

【知识链接】

鲞冻肉是绍兴的传统菜,民间除夕"分岁"时必备此菜以讨彩头。相传有一农户,婆婆刻薄,媳妇却甚为贤德。除夕"分岁"吃饭时,婆婆故意把鲞头烧入鲞冻肉中而专让媳妇食用。小叔见状批评其母,不该如此对待嫂嫂,媳妇听后笑着对小叔道:"叔叔错怪了婆婆的好意,婆婆这是为让嫂嫂讨个吉利,今年有鲞头,明年便有享头了。"媳妇这番话打破了尴尬局面,婆婆深受感动,从此一家人和睦,日子越过越好,而此习俗也流传至今。

8.扎 肉

【菜肴】扎肉

【主料】带皮五花肉 500g

【调料】棕叶、茴香、桂皮、葱结、姜块、鲜汤、酱油、糖、黄酒、味精等各适量

【烹调技法】烧、煨

【制作过程】

1.五花肉切条,同棕叶焯水,将两条五花肉包起来用棕叶条扎

紧,将茴香、桂皮、葱结、姜块用纱布扎成香料包。

2.锅中放入鲜汤、香料包、酱油、糖、黄酒、扎肉,烧开后转小火加盖焖烧 2h,取出香料包开大火加味精收汁至稠即成。

【风味特点】

色泽光亮,清香爽滑,肥而不腻,酥而不烂。

【制作要点】

1.扎肉必须经过长时间焖烧,直至肉酥、味浓、清香四溢,才可收汁。

2.扎肉在烧制时要注意有色调料用量,防止颜色过深,以棕红色为宜。

【知识链接】

扎肉是浙江绍兴汉族传统风味名肴。绍兴民间流传着这样的故事:相传明嘉靖时,奸党弄权,民不聊生。山阴(绍兴旧时为山阴、会稽两县)有田氏家祠,有在每年冬至祭祖时,向各族丁分肉一斤的族规。这年时值大旱,田产收益大减,值年者无力按族规办事,便购来少量猪肉,切成小块,连皮带骨以箬壳紧扎,烧煮后分给族人。族人见值年者以块代斤,虽甚感不满,但一尝其味极佳,加之年成如此,也就默认了。以后竞相仿效,因肉块上均扎有箬壳,故称为"扎肉"。扎肉历经改良,已成佳肴,色泽红亮晶莹,肉香酥爽韧,肥而不腻,酥而不碎。

9. 干菜焖肉

【菜肴】干菜焖肉

【主料】连皮五花猪肉 500g

【配料】霉干菜适量

【调料】白砂糖 20g、酱油 25g、黄酒 10g、红曲 5g、味精 2g、小葱 10g、八角 3g、桂皮 3g

【烹调技法】扣蒸

【制作过程】

1.将五花肉洗净切成 2cm 见方的小块,放入沸水锅氽约 1min,去掉血水,用清水洗净。

2. 将霉干菜洗净挤干水分,切成 0.5cm 长的小段。

3. 锅中放入清水 250mL 左右,加酱油、黄酒、桂皮、八角,放入肉块,加盖用旺火煮至八成熟。

4. 再加红曲、白砂糖和霉干菜,翻拌均匀,改用中火煮约 5min。

5. 至卤汁将干时,拣去茴香、桂皮,加入味精,起锅。

6. 取扣碗 1 只,先放少许煮过的霉干菜垫底,然后将肉块皮朝下整齐地排放于上面,盖上剩下的霉干菜。

7. 再上蒸笼用旺火蒸约 2h,至肉酥糯时取出,覆扣于盘中,放上葱段即成。

【风味特点】

肉色枣红,油而不腻,咸鲜甘美。

【知识链接】

干菜焖肉传说为明代徐文长所首创。徐文长诗、文、书、画无一不精,但晚年穷困潦倒。一日,山阴城内大乘弄口有一肉店新开张,请徐文长写招牌,事后店主就以一方五花肉相酬。数月不知肉味的徐文长十分高兴,急忙回家,可惜身无分文,无法买盐购酱。想起家中尚存一些霉干菜,便把肉与霉干菜同蒸煮,不料其味更佳。从此,这种吃法便在民间广为流传。

10.清汤鱼圆

【菜肴】清汤鱼圆

【主料】鲢鱼 800g

【配料】火腿 10g、鲜香菇 10g、豌豆苗 25g

【调料】盐 10g、味精 3g、姜汁 10g、鸡油 10g

【烹调技法】氽

【制作过程】

1.鱼宰杀剖洗净，从尾部沿背脊骨剖成两片，去掉鱼头，去除去脊骨与肚裆,将鱼肉洗净。

2.将鱼打成蓉。

3.将鱼蓉放入钵中,加水 200mL 解开,放精盐,顺同一方向搅拌至有黏性;再加水 200mL,搅拌至鱼蓉起小泡时,静置5—10min。

4.再加水 100mL,继续搅拌均匀,加入味精、姜汁水搅匀待用。

5.锅中舀入冷水 1500mL,将鱼蓉挤成大胡桃似的鱼圆 24 颗,入锅用中小火渐渐加热氽漾成熟(中途将鱼圆翻身,使成熟一致)。

6.清汤 750mL 放入炒锅,置旺火上烧沸,把鱼圆轻轻放入锅中,加精盐、味精及择洗干净的豌豆苗(或菜心),然后盛入品锅,熟火腿片与豆苗置鱼圆上面,交叉成三角形,中间放熟香菇一朵,淋上熟鸡油即成。

【风味特点】

洁白细腻,口感滑嫩,汤清味鲜。

【制作要点】

1.掌握水、盐、鱼泥的比例。

2.制作时鱼肉要剁得细腻。

3.血水漂净,搅拌上劲。

4.氽时掌握好火候,断生即可,加热过程中不使汤沸腾。

【知识链接】

"清汤鱼圆"以汤清、味鲜、滑嫩、洁白而著称,是绍兴的传统风味菜。此菜选料严格,以用肉质细嫩、黏性强、吸水量大、弹性足的花白鲢为佳。制作技巧要求全面,讲究"刮"肉细腻;"排"斩透彻;鱼泥与水、盐的比例得当;"搅"时柔中有刚,"挤"圆不带尾巴,形成其色白、形圆、滑润、味鲜的特色。

11. 干菜小龙虾

【菜肴】干菜小龙虾

【主料】小龙虾 500g

【配料】霉干菜 100g

【调料】酱油、葱、姜、蒜、料酒、盐、糖、味精、鸡精、花椒、辣椒、胡椒粉、香油

【烹调技法】干烧

【制作过程】

1. 调制卤汤：锅内加清水 10kg，味精、鸡精各 750g，干辣椒、干花椒各 250g，盐 100g，白糖 150g，烧开后放凉，每日一换。

2. 锅内加油烧至七成热，下入小龙虾炸至表面发红，捞出后放入卤汤中浸泡 2h。

3. 锅内放底油，下姜末、霉干菜煸香，烹入黄酒并加清水 500g 烧开，倒入浸泡入味的小龙虾并大火烧开，放入盐、味精、白糖、酱油、胡椒粉，盖上锅盖焖烧约 8min，收干汤汁，装盘后淋香油、撒葱花成菜。

【风味特点】

咸鲜微甜，色泽鲜艳。

【制作要点】

1. 霉干菜使用前需用清水浸泡，使用时挤干水分，切成末。

2. 此菜为咸鲜微甜口味，每份菜用糖以约 15g 为宜。

3. 小龙虾油炸后，放入提前预制的卤汤中浸泡，能使菜肴充分入味。

12. 油炸臭豆腐

【菜肴】油炸臭豆腐

【主料】压板豆腐 1 块

【配料】霉苋菜梗 500g

【调料】辣酱 450g、菜油 2500g

【烹调技法】炸

【制作过程】

1.压板豆腐切成 2.5cm 见方的块。

2.霉苋菜梗入卤水中浸泡至发酵,捞起沥干水分。

3.投入五成热的油锅中,炸至外脆里嫩,捞起装盘,食用时用辣酱蘸着吃。

【风味特点】

生臭熟香,外脆里嫩。

【知识链接】

臭豆腐营养非常丰富。据科学分析测定,霉鲜食品中,其氨基酸超过 10 种。食者爱之,认为可与鱼翅、燕窝媲美,有欧洲人士称其为"中式奶酪"。据新华社"新华国际"客户端 2015 年 9 月 8 日报道,美国知名美食杂志《美味》(Saveur)发布年度美食奖项名录,绍兴臭豆腐获得"最不寻常美味奖",杂志的评语是"恶臭但纯粹,让人躁动不安同时又无比可口"。

13. 清汤越鸡

【菜肴】清汤越鸡

【主料】绍兴越鸡

【配料】油菜心 50g，火腿 25g，冬笋、香菇(干)10g

【调料】黄酒 25g、盐 2g、味精 3g

【烹调技法】炖

【制作过程】

1.将活嫩越鸡宰杀、煺毛，洗净后斩去鸡爪，敲断小腿骨，在背部离尾臊 3.5cm 处开一小口,掏出内脏,洗净,放在沸水锅中汆一下,洗去血沫。

2. 取大砂锅一只,用竹箅子垫底,将鸡放入,舀入清水 2500mL,加盖用旺火烧沸,撇去浮沫。

3. 改用小火继续焖煮约 1h,捞出转入品锅内,倒进原汁。

4. 然后,把火腿片、笋片、香菇排列于鸡身上,加入精盐、黄酒、味精,加盖上蒸笼用旺火蒸约 30min,取出。

5. 将焯熟的油菜心放在炖好的鸡上即成。

【风味特点】

鸡肉白嫩,骨松脆,汤清味鲜。

【制作要点】

1. 原料要进行焯水,并且要洗干净。

2. 最好选用陶瓷器皿。

3. 汤汁最好一次性加足。

4. 临起锅前再调准口味,上菜时锅内保持微沸的状态。

【知识链接】

越鸡原产于卧龙山东麓泰清里一带(今府山公园),在春秋战国时期已闻名天下。据《霞外捃屑》记载,绍兴龙山一带,因昆虫等动物性饲料丰富,又兼有"龙""蒙"二泉所含丰富的微量元素等,所以饲养在这里的鸡,肉质细嫩,髓满骨肥,鸡骨松脆,清时被定为贡品。

14.绍什锦

【菜肴】绍什锦

【主料】瘦猪肉200g、黄鱼肚125g、熟冬笋100g、鸡蛋黄糕皮50g

【配料】河虾50g、干香菇50g、猪肚50g、水发海参50g、熟鸡肫1只、虾米50g、鸡蛋糕5g

【调料】盐、料酒、味精

【烹调技法】烧

【制作过程】

1.猪瘦肉、虾米剁成末,加入精盐3g,搅匀制馅;鸡蛋打散,加入精盐搅匀,摊成 10 张鸡蛋皮;蛋皮内放上肉馅包成烧卖形的鸡蛋饺,装盘上笼用旺火蒸熟。

2.花鲢鱼宰杀洗净后取净肉 125g,砧板上垫 1 张生猪肉皮,放上鱼肉,剁泥后放在大碗中,加入精盐和清水 50mL,用筷子打至起小泡,静置片刻,挤成 10 粒鱼丸。

3.将鱼丸放在冷水炒锅中,养 10min 左右,将炒锅置中火烧至略沸,改小火"养"熟。

4.鸡蛋糕、熟猪肚、熟笋、黄鱼肚、海参均切成长方块;鸡肫洗净,煮熟,切片;河虾去头剥壳。

5.炒锅置中火,舀入清汤 750mL,加入鸡蛋糕、猪肚、黄鱼肚、海参、鸡肫、河虾、鸡蛋饺、鱼丸、香菇、精盐和黄酒,烧制。

6.待烧沸后放入味精,盛入荷叶碗中,把鱼丸、鸡蛋饺盖在上面,放上葱段,淋上熟猪油即成。

【风味特点】

色泽鲜艳,口感丰富,绵香软糯,营养丰富。

【知识链接】

绍什锦一菜历史悠久,为绍兴的传统名菜,极具文化底蕴,承载着绍兴石匠们的辛酸往事。据《旧经》记载,距今 2000 多年前,离绍兴城东七里许,有一座青石山,又名"箬山"。从汉代开始,这里成了石料场。由于开采石料条件极差,潜伏着很大危险性,因而在每年农历七月十五的"兰盘会"(即鬼节)日子,石塘主和包工头,将石匠聚集在一起,团聚一餐,其中的第一道菜就是一大碗"什景",取意吉祥如意,今天吃了团圆饭,能吉利一年,饭后签订合同,石匠就将为老板再卖命一年。久而久之,便成了行规,"什景"之肴也就传了开来,遂在民间流传成俗。

15.干菜扣鹅

【菜肴】干菜扣鹅

【主料】仔鹅

【配料】干菜

【调料】味精、酱油、香叶、白糖、冰糖、八角、葱、干辣椒、姜

【烹调技法】扣蒸

【制作过程】

1.准备好主料,鹅洗净。准备好配料干菜待用。

2. 姜切片,锅内放足水(能没过鹅),烧开水,放鹅进去煮至用筷子能插入,取出。用牙签在肉皮表面上扎小眼,扎得越密越好,这样炸出来的皮才会蓬松。

3. 趁热在鹅表面上均匀抹上红糖和老抽。

4. 锅里放油,烧到七八成热(油面上的青烟向四面扩散,油面平静),把整块鹅的皮朝下放入锅中炸。最好用锅盖盖上,以免油溅出烫伤人,把鹅皮炸黄捞出沥干油。

5. 把整块鹅皮朝下放入水中浸泡,泡到表皮软软的取出沥干水分。

6. 干菜用开水泡发,清洗干净挤干水分,葱、辣椒切碎备用。

7. 把鹅切成块,每块大约 2cm 厚,皮朝下,在碗里排放好。

8. 在上面放上干菜,撒上盐,入蒸锅隔水蒸 30—50min 至肉软烂。

9. 在蒸好的扣鹅上面盖上一个圆盘。反扣碗将扣鹅入盘。

10. 另起锅,加入高汤、辣椒、葱、盐、老抽、味精煮开并淋在扣鹅上即可。扣鹅做好后隔顿再吃比较入味。垫底的干菜浸在油汁中,能吸掉油。

【风味特点】

酥烂可口,咸鲜味美。

【制作要点】

1. 干菜要选用绍兴产的清香、味鲜的芥菜干。

2. 鹅过油的时间要把握好,至皮色棕黄即可。

3. 蒸制时需用旺火蒸至肉质酥糯。

4. 家庭制作也可反复蒸数次,使鹅肉与干菜的味互相吸附,更为可口入味。

【知识链接】

鹅肉含有人体生长发育所必需的各种氨基酸，其组成接近人体所需氨基酸的比例，从生物学价值上看，鹅肉是全价蛋白质、优质蛋白质。鹅肉中的脂肪含量较低，仅比鸡肉高一点，比其他肉要低得多。

鹅肉不仅脂肪含量低，而且品质好，不饱和脂肪酸的含量高，特别是亚麻酸含量均超过其他肉类，对人体健康有利。鹅肉脂肪的熔点亦很低，质地柔软，容易被人体消化吸收。

16. 头肚醋鱼

【**菜肴**】头肚醋鱼

【**主料**】鲢鱼头、肚裆 400g

【**配料**】冬笋 50g、淀粉（蚕豆粉）10g

【**调料**】姜 1g、胡椒粉 1g、甜面酱 10g、小葱 1g、醋 20g、白砂糖 25g、黄酒 25g、猪油（炼制）50g、酱油 30g

【**烹调技法**】烧

【制作过程】

1.将鲢鱼头、肚裆洗净，斩成长 5cm、宽 2cm 的长方块。

2.冬笋切成小长方块。

3.将炒锅置旺火上，下入熟猪油，烧至六成热，放入鱼块，将炒锅颠翻几下，烹入黄酒，加酱油、白砂糖、甜面酱、笋块和汤水 20mL，加盖烧沸后，再烧 5min。

4.用醋、湿淀粉调匀勾薄芡，淋入熟猪油。

5.炒锅一旋一翻，起锅装盘，撒上葱末、姜末、胡椒粉即成。

【风味特点】

成菜色泽红亮，头肚肉质活络，汤汁浓滑，配用甜面酱、米醋烹制，味鲜而略带酸甜。

【制作要点】

1.选用 1000—1500g 重的活鲢鱼，现烧现吃。

2.鱼头及肚挡不宜多煮，芡要薄。

【知识链接】

"头肚醋鱼"是绍兴百年老店"兰香馆"的传统风味菜。该馆坐落在市内水上交通中心——大江桥堍，过去，店主人别出心裁地在店后的河上，置一只木船，专门养二三千克重的鲢鱼，以招待顾客。选用鱼头和肚裆为主料，现烧现吃的"头肚醋鱼"，颇受城乡客商青睐，成为家喻户晓的绍兴风味菜。

17. 绍虾球

【菜肴】绍虾球

【主料】河虾 500g

【辅料】鸡蛋 150g、淀粉 25g

【调料】盐、葱姜、料酒、味精、葱白、甜面酱各适量

【烹调技法】炸

【制作过程】

1. 虾仁中加入适量淀粉、盐、味精、水、葱姜、料酒等浆匀,备用。

2. 将鸡蛋磕入碗内,放入湿淀粉、精盐、味精,用筷子搅透,倒入浆虾仁中拌匀。

3.炒锅置旺火上烤热，用油滑锅，下入猪油，烧至七成热时，一边用长铁筷在油锅中顺一个方向划动，一边将虾仁蛋糊徐徐淋入油锅，至起丝后，迅速用漏勺捞起，沥去油，用筷拨松装盘。

4.上桌随带葱白段、甜面酱各一碟，蘸食即可。

【风味特点】

色泽金黄，质地香松酥脆，配以葱白段与甜面酱蘸食，味道颇佳。

【制作要点】

1.用鲜河虾挤取虾仁，先加少许盐一拌，用清水冲洗至洁白，再用少许盐、湿淀粉上浆，涨发片刻。（500g 毛虾可制浆虾仁180—240g）

2.拌虾仁蛋糊时，加入的湿淀粉要沥干水分，再调入蛋液，厚薄适宜。

3.炸的油温必须掌握在七成热左右，铁筷划动的速度必须与蛋液淋入锅的速度相协调，使蛋丝成形均匀美观。

4.因有过油炸制虾仁过程，需准备熟猪油 1500g。

【知识链接】

"绍虾球"又名蓑衣虾球，是绍兴的传统名菜，已有100多年的历史。据史料记载，此菜原名"虾肉打蛋"，是绍兴丁家弄福禄桥堍，一爿专营绍兴正宗菜点的雅堂酒店的看家菜肴。其因风味独特而久销不衰，后经厨师进一步的研究改制发展而成现今的"绍虾球"。制作此菜必须掌握好火候，蛋糊经油炸而形成蓑衣状的蛋丝，包裹住虾仁。

18. 单鲍大黄鱼

【菜肴】单鲍大黄鱼

【主料】大黄鱼 1 条

【配料】大葱丝 10g、姜丝 10g、红椒丝 5g

【调料】精盐 15g、绍酒 15g、花椒 2g、姜片 10g、熟鸡油适量

【烹调技法】蒸

【制作过程】

1.将大黄鱼洗净沥干水分,加盐、花椒、姜片、葱结,腌渍入味

后用清水洗净。

2.放入盛器内加绍酒、熟鸡油上笼蒸熟。

3.出笼加大葱丝、红椒丝,淋热油。

【风味特点】

清香味香,活络入味。

【制作要点】

1.要选用新鲜的大黄鱼。

2.蒸制时采用沸水旺火,时间掌握要恰当。

3.淋油时不可过多。

【知识链接】

"鲍"为用盐腌制的鱼,去水分,而不晒干。"单"从烹饪学上讲为短时间与鲍结合。单鲍,意为短时间地腌制食品。单鲍具有质感的嫩、入味的鲜、醒胃的香、风味的咸等特点,鱼类还具肉质活络之胜。制作单鲍风味菜品,调味主品必用盐和花椒,其基本原理是对原料进行适度的腌制,利用盐的渗透和蛋白质凝固的作用,使原料中的水分部分排出,紧密组织,改善质地,加之花椒的辛香,使单鲍的菜品特具清香,咸鲜入味。民间将其视为夏秋季节的开胃保健菜。

19. 狭猱湖鱼头

【菜肴】狭猱湖鱼头

【主料】鲢鱼头 1 只

【辅料】螺蛳、虾干、西兰花、鸽蛋

【调料】生抽、老抽、绍酒、葱、姜、蒜、盐、味精、白糖、白胡椒粉等

【烹调技法】烧

【制作过程】

1.将鲢鱼头去鳃洗净后泡入葱姜酒水腌制备用，螺蛳放入清

水中养,去除泥沙,而后煮制成熟。鸽蛋、西兰花焯水备用。

2.锅内留底油,放入葱姜蒜煸香后,放入鱼头,煸透后加入料酒、高汤、生抽、老抽、盐、味精、白糖等调料,大火烧开,小火煮制约30min。

3.将鱼头及汤汁盛入盘中,将螺蛳、鸽蛋、西兰花摆放进去即可。

【风味特点】

鱼头肉质软嫩,味道鲜美可口,配料丰富,颜色棕红明亮。

【制作要点】

1.在煎鱼头时要注意不能把鱼头的皮煎破,同时要注意煎透。

2.烧制时要保持汤汁微沸,从而使鱼头中的鲜味物质充分析出,使此菜味道鲜美可口。

【知识链接】

相传绍兴曾经有个石匠,不慎落水,被村民所救。后来他出家当了和尚,发愿要在独镬湖中造一条石塘以避风浪,报答乡亲的救命之恩。但募捐并不容易,募捐了十多年也没有成功,他抑郁而死。当时会稽有一个张贤臣,为和尚的心愿所感动,出资并发动周围群众用了5年时间,终于建成一条石塘。独镬湖(昂桑湖)避塘属国家文物保护单位,是绍兴最大最美的母亲湖,也是最深的天然淡水湖,其水质优越、纯净无污染,含有丰富的矿物质,湖中鱼类丰富,其中胖头鱼、鲫鱼、白条尤为出众。

鲁越至尊鱼头的菜肴灵感便来自此湖,其采用独镬湖(昂桑湖)的鲢鱼,肉质细嫩、个大体肥,搭配上好的雪花牛仔骨、对虾、青壳大螺丝、自制鱼圆、西兰花,营养丰富、味鲜色美,老少皆宜,一经推出便成为鲁越招牌菜品之一。

20.花椒鸭

【菜肴】花椒鸭

【主料】鸭子

【配料】冬瓜

【调料】料酒、盐、花椒

【烹调技法】蒸

【制作过程】

1.鸭子洗净掏空备用,斩去脚掌。

2.将花椒、盐按 1∶20 的比例,投入铁锅中,上火炒香后,稍稍冷却,抹于鸭子上入味,腌制约 2h。

3.取一蒸笼,蒸笼上足汽时,放入抹好盐的鸭子,旺火沸水猛汽蒸至软嫩为止。

4.出锅冷却,整形,围上冬瓜,装饰上藤椒装盘。

【风味特点】

软嫩可口,唇齿麻香,咸鲜十足。

【知识链接】

花椒以四川省汉源县清溪镇所产花椒为佳。此菜具有温肺、化痰、止咳的功效。适用于感受外邪、猝然咳嗽、慢性气管炎等病症的食疗,但应注意,阴虚火旺者及孕妇不宜食用。

21.韭黄炒肉丝

【**菜肴**】韭黄炒肉丝

【**主料**】猪里脊

【**配料**】韭黄、葱段、豆腐干

【**调料**】盐、味精、酱油、白糖、胡椒粉、油

【**烹调技法**】煸炒

【**制作过程**】

1.将猪肉洗净切丝放入碗中加少许酱油拌匀,腌制约 15min。

2.豆腐干切成丝,用沸水焯一下后过凉沥水备用,韭黄切成段。

3.起一锅,点火放油,油热后放入肉丝煸炒,至断生后再加入豆腐干丝、酱油、白糖、料酒、盐、味精、胡椒粉翻炒,倒入韭黄迅速翻炒,淋上明油,即可出锅。

【风味特点】

咸鲜脆嫩,清香爽脆。

【制作要点】

1.原料加工规格要均匀。

2.要煸出肉丝中的水分,使之干香。

3.炒制时要不断翻动原料,使之受热均匀。

4.肉丝不上浆、不滑油,煸炒成熟。

5.菜肴炒制时不勾芡,装盘后盘底无多余汤汁。

22.素蛏子

【菜肴】素蛏子

【主料】百叶 2 张

【配料】金针菇一小把、黑木耳五六朵、黄花菜 9 根、葱 3 根

【调料】生抽 1 勺、白胡椒粉少许、糖少许、辣椒酱少许

【烹调技法】蒸、油淋

【制作过程】

1.黄花菜、木耳泡发,洗净,木耳切丝。金针菇切根部,洗净。

2.百叶切成 8cm 左右的长条，一张百叶切成 3 个长条，一张长条可以包 3 个，均分成 3 段。

3.一张百叶，放一缕金针菇（10 根左右）、黑木耳丝若干、1 根黄花菜。金针菇和黄花菜超出百叶，木耳丝包裹在百叶里，在卷百叶的过程中在百叶上抹一点辣椒酱，然后卷紧。一张百叶可做 9 个。

4.所有的素蛏子入盘。

5.淋上少许生抽，每一个淋一点即可，总体一勺差不多。加一点水，怕百叶蒸出来太干。再撒少许糖。

6.入锅蒸 10min。出锅，撒葱末，撒少许白胡椒粉。

7.起热油，淋在上面，完成。

【风味特点】

造型独特，咸鲜味美。

【知识链接】

蛏子是绍兴人爱吃的小海鲜。正月里去别人家做客，餐桌上必有此菜，据说图的是时鲜。相传有户穷人家，某日恰逢有远客来，因家贫无力买荤，手巧的主妇便将常见的一些素菜精心烹制，用千张卷成一种形似蛏子的菜肴，客人尝后赞不绝口，问是什么。主妇根据此菜外形脱口而出"素蛏子"。此后，它便成了绍兴民间较为流行的一道传统菜肴。

23.脆炸甜酒酿

【菜肴】脆炸甜酒酿

【主料】甜酒酿 500g

【配料】白糖 25g,鹰粟粉 50g,面粉、生粉、泡打粉适量

【烹调技法】脆炸

【制作过程】

1.锅内加水 500g 将米酒烧开去浮沫,放入白糖,用鹰粟粉勾芡起锅,放入盆中入冰箱冷却定形。

2.制作脆皮糊:将面粉、生粉以 7∶3 的比例调制成流水状,加入适量泡打粉,加入少许色拉油搅拌均匀备用。

3.将成形的米酒取出改刀成骨牌块,用威化纸包好裹脆皮糊下入五成热油锅中,小火炸至表面浅黄色、酥脆装盘上桌。

【风味特点】

皮脆内嫩,酒香宜人。

【制作要点】

1.脆皮糊的用料比例要适当。

2.面粉与水要充分混合,且要搅拌上劲。

3.米酒块挂糊前应拍少许面粉。

4.要控制好油温,油温过低要脱糊,油温过高则不利于脆皮糊的涨发。

【知识链接】

甜酒酿在绍兴人的心目中是极为看重的,因为它传说是用心血酿成的。民间流传着"血酿甜酒酿"的故事。有一蓝蓼丫头在汤员外家做女厨,一天,在切菜时,不小心切破了手指,鲜血刚好滴在旁边的糯米饭里。于慌乱之中,她将糯米饭用碗一盖,放入菜橱。过了两天,汤员外来到灶间,闻到了一股诱人的香气,顺着香气,找到了这碗糯米饭,喜食糯米的他,顺便尝了尝,连说:"好吃!好吃!"此后,蓝蓼就经常被要求做这样的糯米饭给汤员外吃,终因血竭而死。蓝蓼去世后,她的坟墓上长出了一棵奇异的草,夏末秋初,结出红白色的籽,有点辣味,为纪念蓝蓼,人们将它取名为"辣蓼"。用其作为制作甜酒酿的引子,在民间流传开来。

24.绍兴小炒

【菜肴】绍兴小炒

【主料】猪里脊

【配料】茭白、韭黄

【调料】盐、味精、料酒、酱油、白糖、胡椒粉、香油

【烹调技法】煸炒

【制作过程】

1.将猪肉洗净切丝放入碗中,加入少许盐、水淀粉、黄酒腌制

入味;茭白切成丝,用沸水焯一下;韭黄切成段。

2.坐锅点火放油,油热后放入肉丝煸炒,再加入茭白丝、酱油、白糖、料酒、盐、味精、胡椒粉翻炒,再倒入韭黄迅速翻炒,淋上香油,即可出锅。

【风味特点】

清香、鲜嫩、爽口。

【制作要点】

1.原料加工规格要均匀。

2.要煸出肉丝中的水分,使之干香。

3.炒制时要不断翻动原料,使之受热均匀。

【知识链接】

煸炒是将小型的不易碎断的原料,用少量油在旺火中短时间烹调成菜的方法。成菜鲜嫩爽脆、本味浓厚、汤汁很少。

25.桂花糕

【菜肴】桂花糕

【主料】糯米粉、粳米粉

【配料】干桂花、豆沙、白糖

【烹调技法】蒸

【制作过程】

1.筛粉:把拌好的米粉,用筛子筛到大糕框里。

2.雕空:把大糕框里的粉刮平,雕空。

3.加馅:在各个框内加入豆馅,十六个格子都加完后,轻轻摇匀。

4.盖粉:用筛子轻洒盖面粉,以盖住馅子为止,再用工具刮平。

5.加印:在印板模子里抹一层红粉,再印在大糕上。印上去的时候,用小锤子"咚,咚,咚"地敲上三下,使红粉完全落下。

6.切糕:用利刀把大糕割开。

7.上笼蒸:脱框,把大糕放入三脚架上蒸,蒸上 15min,出笼。

【风味特点】

唇齿留香,软糯可口。

【制作要点】

1.按用料配方准确称量。

2.采用冷水抄拌的方法调制糕粉,加水量一定要合适。

3.糕粉拌好后要静置,时间要根据室温确定。

4.糕粉一定要过筛。

5.去模时动作一定要轻,不能抖动。

6.蒸制时汽要足。

【知识链接】

桂花又名岩桂、木樨、九里香。为常绿阔叶乔木或灌木。现桂树最大、桂花最盛的是会稽山麓湖塘西路村的桂花林,即著名的大香林景区。绍兴自宋代起就形成了种桂花树的传统。桂花树有十余个品种,常见的有金桂、银桂、丹桂、四季桂四种。

26.芝麻巧果

【菜肴】芝麻巧果

【主料】中筋面粉 200g、鸡蛋 40g、豆腐 80g

【配料】芝麻一大勺

【调料】食盐一小勺、白糖 50g

【烹调技法】炸

【制作过程】

1.所有材料混合均匀,盖湿布醒 30min。

2.把面团擀成尽量薄的面片,越薄炸好后越脆。

3.把面皮分割成适当大小的长方条状,在面皮中间划一刀,将一端的面皮从中间穿过切口拉出来成为麻花状,也可以将面皮两两重叠一并拉出,这样炸出来的巧果就是双层的。

4.中火烧热锅中的油,烧至六成热时,把面片一一投入油锅,中火慢慢炸至金黄,并且表面有气泡鼓起时,捞出沥干油分,放凉食用。

【风味特点】

酥脆可口。

【知识链接】

巧果即七夕果、乞巧果子,又称巧食或巧舌,是绍兴地区特色传统糕点和七夕的应节食品。民间常以"七曲八弯"来形容"七巧"的形状。绍兴农村有这样的习俗,即新婚妇女在农历七月初七(俗称巧日)走娘家时,都从娘家带些巧果回来送给丈夫。因此,每年农历七月初七前后乃是巧果的生产旺季。

27.洋糖糕

【**菜肴**】洋糖糕

【**主料**】糯米粉 300g

【**配料**】糖 50g、面粉 70g、水适量、酵母适量

【**烹调技法**】炸

【**制作过程**】

1.将糯米粉、面粉、糖、酵母依次倒在盆中,慢慢地加入水搅

拌,防止变成面糊。

2.将面粉和成面团。

3.将面团分割成几个小块,将面团压成几个薄饼。

4.锅中倒入油,油热时将薄饼放入锅中油炸。

5.等到薄饼表面金黄鼓起,即可出锅装盘。撒少许糖分。

【风味特点】

软糯,香甜。

【制作要点】

1.和粉时要使面团均匀成形。

2.分割面团时大小要均匀。

3.油炸时注意油温,炸至金黄色即可。

28.红糖粑粑

【菜肴】红糖粑粑

【主料】糯米粉 180g

【配料】开水 130g、冷水 1 碗

【调料】甘汁园纯正红糖 40g

【烹调技法】煎

【制作过程】

1.取糯米粉 180g，加入 130g 左右的开水，揉成光滑的粉团。

2.平均分成 8 份,搓圆,用手轻轻按扁。

3.取冷水 1 碗,加入 40g 红糖用筷子拌匀备用。

4.锅里加入少许油,放入糯米饼。

5.中小火煎至松软、两面微焦。

6.加入刚才调好的红糖水,加盖中火焖 1min。

7.开盖大火收汁,中途翻面使其均匀地裹上糖汁,出锅装盘即可食用。

【风味特点】

色泽红润,软糯可口。

【知识链接】

粑粑是绍兴方言,指的是用糯米粉制成的绍兴名特小吃之一,也有称为糍粑的。制作方法众多,风味各异,十分美味。

29.箸扮头

【菜肴】箸扮头

【主料】君子兰低筋面粉200g、风车生粉200g、家乐栗粉100g、清水300g

【配料】河虾40g、干菜10g、丝瓜80g、平菇70g

【调料】盐、味精

【烹调技法】煮

【制作过程】

1.将原料、面粉、生粉、栗粉混合搅匀,加入清水揉和成团,静放 10min。

2.取一锅净水煮开,用勺子把面团化割成小段入沸水中煮至面头浮起,捞起用水冲净后上色拉油待用。

3.将丝瓜切滚刀块,平菇切小片,将丝瓜块、平菇片、笋干菜、河虾,入沸水锅煮,至断生再放入箸扦头,至水沸再加味精、盐,煮熟起锅,入品锅盛装。

【风味特点】

省时省力,经济方便,菜点合一,清解开胃。

【制作要点】

1.此菜以原料的本味为主,调味不宜过重。

2.煮制的汤汁要求一次性加准。

3.调味品不宜早放,在菜肴即将成熟起锅时才调味。

【知识链接】

箸扦头是夏季的时令面食,此时南瓜上市,麦子丰收,加之春时晒成的笋煮干菜,诸料配伍合一非常和谐,饭菜合一,省时省力又经济,每到小麦丰收后,便是民间食用箸扦头的旺季。

30.糕　干

【菜肴】糕干

【主料】甲级白粳米 75.4kg

【辅料】白砂糖 24.1kg、糖桂花 300g、香料 150g

【烹调技法】蒸

【制作过程】

1.先把米淘洗干净,用适量水(约 3‰—5‰)浸泡 10—16h,使米粒含水量达 26.8%左右,磨成细粉,用 529 目罗过筛,粗粉重磨。

2.将过筛的细米粉与白砂糖拌和,焖 2—5h,使糖溶化,再用 36 目筛过细,以 60—100℃的炭火烘烤。但不宜过干,以免飞散损失。

3.拌入香料,入模切成片,蒸 30—40min。

4.取出后用 80—100℃的文火烘烤 12—15min,使水分蒸发,再以 100—120℃的炉火烘烤 6—8min,翻转再烘烤 5—7min 即为成品。

【风味特点】

松、脆、香、甜,质地纯粹,甜度适宜,容易消化。

【制作要点】

1.在拌粉时要注意把糕粉拌和均匀。

2.蒸糕时要蒸透,不能夹生。

【知识链接】

1.糕干又名香糕,是浙江省绍兴地区的汉族传统糕点。已有 200 多年的历史,以前作为贡品进贡朝廷,如今是绍兴的特产之一。味道香甜,造型美观,深受消费者的喜爱。用精白粳米磨成米粉,配上适量的中药丁香、砂仁、白芷、豆蔻、大茴和研成粉末的食用香料,再拌以纯白砂糖,和粉成形后,放到白炭火上烘焙,这样焙制的香糕黄而不焦,硬而不坚,上口松脆香甜,并有解郁、和中、开胃、健脾之功能。

2.香糕的传说:

传说在很久以前,杭州西湖边的城隍山下住着一个姓孟的绍兴人。由于他年纪轻,大家便叫他小绍兴。小绍兴每天半夜就起床,磨米粉,蒸松糕,天亮后再挑起糕担沿街叫卖,以此来养活自己和瞎眼的母亲。

有一年的大年初一,由于杭州有春节登山的习惯,以讨"步步登高"的吉利,城隍山山上山下,游人如织。小绍兴的松糕卖得很快,不大一会儿工夫,就卖得仅剩下一小块破碎的松糕了。小绍兴想起母亲还未吃饭,便留下了这块破角糕,准备带回去给母亲吃。当他走到城隍庙时,只见一个白发银须的老人,头枕在口对口地对在一起的两只破碗上,伸手向他乞讨。原来这是上八洞仙吕洞宾,因见人间热闹,便下凡来看看。当时,小绍兴并不知道这就是吕洞宾。他见老人衣衫褴褛,瘦骨嶙峋,非常同情,便摸出几文铜钱给老人。谁知老人不要铜钱,却要讨块松糕吃。小绍兴便拿出留给母亲的破角糕,递给了老人。老人不客气地吃了下去。

小绍兴回到家里以后,把此事告诉了母亲。母亲十分赞许。从此,小绍兴天天走过庙门口,只要看见那老人,便送给他一块松糕。

有一天,老人见小绍兴愁眉不展地递给他一块糕,便问道:"你有什么不如意的事吗?"

小绍兴答道:"连日阴雨,生意清淡,松糕卖不出去。我娘吃了卖剩的糕,得了重病,茶饭不思。"

老头听了哈哈大笑:"别着急,要吃的没有,良药我可有。"说着,从怀里掏出个葫芦,交给小绍兴。吩咐他做松糕时,将葫芦里的药放到松糕里,他娘吃了这种糕病就会好。说完话,一阵风起,老人就不见了。小绍兴方知遇到了神仙,想到老人那口对口对在一起的破碗,猛然醒悟:这就是吕洞宾。于是高高兴兴地回到家,按照吕洞宾指点的方法制松糕。他先把葫芦里的药倒出一点儿,放进糕粉里,制成糕坯,放到旺火上蒸熟蒸透。待糕冷却后再一块一块地排放在炭火上,烘成金黄色。烘烤出来的松糕散发出一股奇香。三天三夜水米未进的老母亲闻到这股异香，顿时觉得腹中饥饿，即叫小绍兴把糕拿来吃。老母亲吃下糕后，第二天病就好了。从此，小绍兴就一直用这个办法制糕。由于这种糕奇香扑鼻，食之松甜可口，大家都赞不绝口。于是改松糕名为"香糕"。因为香糕是小绍兴做出来的，又被称作"绍兴香糕"。

后来，人们才明白，香糕里放进去的药，原来是中药里的砂仁。砂仁性温，能理气宽胸、健脾和胃、增进食欲，适用于脾胃气滞以及消化不良等症。作为一种疗效食品，香糕更受人欢迎了。

绍兴香糕是绍兴的独特风味。这种香糕相传已有200多年的历史了。中华人民共和国成立前，香糕也随华侨传至南洋一带。就是在绍兴本地，人们也常以此糕作为亲友间互相馈赠的礼品。

31.糖醋排骨

【菜肴】糖醋排骨

【主料】猪肋条肉

【配料】淀粉、面粉

【调料】小葱、根姜、冰糖、料酒、生抽、醋、盐、油

【烹调技法】脆熘

【制作过程】

1.猪肋条肉斩成小段,加盐、葱、姜、料酒稍腌制。

2.将面粉、淀粉按2∶1的比例调制成糊。

3.锅内倒油,烧至五六成热,下入挂好糊的排骨,炸至定形,而后升高油温,复炸至金黄色。

4.另起一锅,加入少许冰糖、料酒、生抽、老抽、醋调味后,勾芡淋油,下入炸好的排骨,翻炒均匀。

5.出锅装盘,撒上葱丝点缀。

【风味特点】

酸甜适中,不油不腻,口感丰富细腻。

【制作要点】

1.排骨要炸至色泽金黄、酥脆。

2.口味大酸大甜,醋味略突出。

3.把握好芡汁的厚度,调成油包芡。

4.掌握好原料与味汁的比例。

【知识链接】

糖醋:

糖醋是中国各大菜系中传统的调料之一,在粤菜、鲁菜、浙菜、苏菜、豫菜中广为流传。如糖醋排骨、糖醋鱼等。也深受孩子的喜爱。糖醋汁在调制过程中一般糖与醋的比例是2∶1。

32.高丽香蕉

【菜肴】高丽香蕉

【主料】香蕉

【调料】绵白糖、生粉、鸡蛋、色拉油

【烹调技法】松炸

【制作过程】

1.取出蛋清放在碗里,用打蛋器顺同一方向搅打,使之呈细泡、色白,加入生粉搅拌均匀。

2.把香蕉去皮切成1.5cm见方的丁,拍粉后挂上蛋泡糊,入三成热的油锅内炸至定形,色淡黄时捞出。

3.把炸好的高丽香蕉堆放在盘中,撒上绵白糖成菜。

【风味特点】

色泽淡黄,大小均匀,饱满光洁,外松软里香甜。

【制作要点】

1.打蛋泡时要顺同一方向搅打,要一气呵成,蛋泡要打得老。

2.加入的生粉要适量,加入后要及时拌匀。蛋泡糊要现制现用。

3.要掌握好油温和火候,防止坐油。

【知识链接】

高丽糊,又称发蛋糊、雪衣糊、蛋泡糊,由蛋白加工而成,既可作为菜肴主料的挂糊,又可单独作为主料制作风味菜肴。具有色泽雪白、形态饱满、质地松软等特点。

33.脆皮鱼条

【菜肴】脆皮鱼条

【主料】草鱼

【调料】盐、葱、姜、料酒、干淀粉、湿淀粉、泡打粉、番茄酱

【烹调技法】脆炸

【制作过程】

1.把面粉和淀粉按3∶1的比例调好,适量加点盐,打入两个鸡蛋,倒水搅拌,水先不要多,慢慢地加,慢慢地搅拌均匀。

2.加入泡打粉、色拉油,搅拌均匀,成稀稠恰当的糊。

3.鱼肉切成条,加盐、葱、姜、料酒稍腌后拍上少许面粉。

4.油锅加热至五成热时,把鱼条挂上糊,入油锅炸至胀发、定形捞出。

5.油锅加温到六成热,复炸至色泽金黄。装盘成菜。

【风味特点】

色泽金黄,外脆里嫩,胀发饱满。

【制作要点】

1.油温掌握要恰当,不能过高或过低,以五六成热为宜,否则影响成形。

2.糊的稠厚度要准确把握,以琉璃糊为宜。

34.挂霜花生

【菜肴】挂霜花生

【主料】花生

【配料】白糖

【烹调技法】挂霜

【制作过程】

1.将花生仁放入锅内(不需放油),用小火将其炒香,取出晾凉。

2.净锅内倒入水,再加入白糖,待白糖溶化后转小火,熬至糖浆出现很多泡泡、用锅铲沾少许糖浆能将其挂住牵出丝来。

3.倒入先前炒好的花生仁,快速拌匀,并轻轻搅动使之冷却,花生表面生成一层白霜后出锅装盘成菜。

【风味特点】

色泽洁白如霜,口味香甜酥脆。

【制作要点】

1.花生最好是烤熟的,如果是油炸的要吸干表面的油;要剥去外皮。

2.仔细观察糖液变化,在最佳点投入花生。

3.后期的搅拌要轻一些,以免表面的糖浆掉落。

【知识链接】

挂霜的要点:

1.主料挂糊不宜过薄,油炸时油温不宜过高,避免颜色过深或糊壳过硬,影响质感效果。

2.熬糖时宜用中火,防止糖液沸腾过猛,致使锅边的糖液变色变味,失去成菜后洁白似霜的特点。

3.放入炸好的主料后,同时锅离火口,用手勺助翻散热,并使糖液与主料间相互摩擦粘裹成霜。

35.文思豆腐

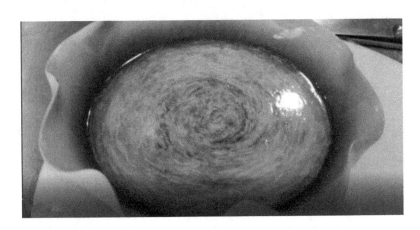

【菜肴】文思豆腐

【主料】内酯豆腐

【配料】胡萝卜、青菜、香菇、火腿

【调料】盐、味精、高汤

【烹调技法】氽

【制作过程】

1.将内酯豆腐切成头发丝般细丝,泡入清水备用。

2.将胡萝卜、青菜、香菇、火腿切成细丝。

3.锅中加入高汤烧沸,而后下入胡萝卜丝、青菜丝、香菇丝、火腿丝,加盐、味精调味,勾芡后加豆腐丝烧热即可。

4.出锅装盘。

【风味特点】

豆腐细如发丝,汤鲜美可口。

【制作要点】

1.豆腐要切得细如发丝、细而不碎。

2.勾芡时要勾琉璃芡,以淋入为佳。

3.调味以清淡为宜。

【知识链接】

内酯豆腐:

内酯豆腐即是用葡萄糖酸-δ-内酯为凝固剂生产的豆腐。改变了传统的用卤水点豆腐的制作方法,可减少蛋白质流失,并使豆腐的保水率提高,比常规方法多制出豆腐近1倍;且豆腐质地细嫩,有光泽,适口性好,清洁卫生。

36. 拔丝苹果

【菜肴】拔丝苹果

【主料】苹果

【调料】白糖

【烹调技法】拔丝

【制作过程】

1.苹果削皮,去核,然后切成 2.5cm 见方的块。

2.面粉、生粉、鸡蛋加水搅拌成蛋糊。

3.锅里放油加热到五成热,把苹果块先拍上生粉,再挂上鸡蛋糊入油锅炸至定形捞出;将油温升到六成热,再复炸至表面金黄、外皮脆硬时捞出沥净油。

4.锅内留底油15g,加入白糖,用小火加热并用手勺不停地搅拌至糖完全熔化、色浅黄时倒入炸好的苹果块,翻炒使糖液均匀地裹在苹果块的四周。

5.盘内抹上色拉油,把菜肴装盘即可成菜。

【风味特点】

色泽黄亮,松脆爽口,吃时能拔出细长的丝来。

【制作要点】

1.苹果要去皮,否则难以挂上糊;炸时注意苹果不可过度加热。

2.苹果炸好后不可久放,如冷却则影响拔丝效果。

3.炒糖浆时要注意观察,应使糖完全熔化(糖液中无白糖的颗粒)。

4.天气冷时可以用热水坐底保温,以延长可拔丝的时间。

【知识链接】

拔丝的操作要领:

1.熬糖时要控制好火候,欠火或过火均不易出丝,防止熬糊。

2.油炸主料和炒制糖浆最好同步进行。

3.主料如是含水量多的水果,应挂糊后油炸,以避免因水分过多造成拔丝失败。

4.拔丝菜肴上桌的速度要快,可以防止糖浆冷却导致拔丝失败。

37.糖醋大黄鱼

【菜肴】糖醋大黄鱼

【主料】大黄鱼

【调料】番茄酱 20g、白糖 30g、香醋 15g、姜米 5g、蒜泥 10g、葱花 10g

【烹调技法】熘

【制作过程】

1.黄鱼去鳃、内脏、鳞片,洗净备用。

2.锅烧热，加蒜泥、姜米、葱段煸香，而后放入黄鱼煎制。

3.至表皮微微皱褶后，加入少许高汤、盐、味精，稍稍煮制，加白糖、醋、番茄酱调味，开大火，收汁，至锅中汁水较少时勾芡、淋油，出锅前再淋几滴香醋、撒上葱花即可。

【风味特点】

色泽棕黄，酸甜可口。

【制作要点】

1.煎黄鱼时要注意火候，不可煎破表皮。

2.糖醋味的调制要注意糖和醋的比例为2：1，可加少许番茄酱，使味道更丰富。

【知识链接】

大黄鱼和小黄鱼的区别：

大黄鱼：体形接近长方形且侧扁，体长30cm左右，头大而侧扁，吻圆钝，眼间隔宽而稍隆凸，前鳃盖骨边缘有细小的锯齿，鳃盖骨后端有一扁棘，体背侧为灰黄色。

小黄鱼：形状和大黄鱼相近但较小，体长约20cm，背鳍的起点与胸鳍的起点相对应，腹鳍稍短于胸鳍，体背侧为灰褐色，两侧及腹侧为黄色，背鳍边缘为灰褐色。

38.椒盐猪蹄

【菜肴】椒盐猪蹄

【主料】猪蹄

【调料】花椒 10g、干辣椒 10g、葱段 15g、姜片 10g、盐、味精、生抽 20g、老抽 12g、香叶 3g、椒盐粉 5g、蒜泥 15g、葱花 10g、姜米 10g、面包糠 30g、番菜叶 5g

【烹调技法】烧、炒

【制作过程】

1.将猪蹄切成约5cm的小段，撒少许花椒、盐腌制约3h备用。

2.高压锅中放水，加葱段、姜片、料酒、香叶、酱油，调成卤汁，放入猪蹄，盖上锅盖，大火烧制约20min后取出。

3.沥干汁水，下入五六成热的油锅中，炸至表皮酥脆捞出沥干。

4.将炒锅放回火上，下蒜、葱、姜、干辣椒、花椒爆至有香味后，加入少许椒盐粉、面包糠，而后放入猪蹄翻炒均匀即可。

5.出锅装盘，点缀上香菜叶即可。

【风味特点】

色泽棕黄，香酥可口。

【制作要点】

1.炸猪蹄时油温要高，使表面迅速酥脆，同时也要防止热油飞溅。

2.炒制时要加入少许面包糠，提升酥脆口感。

【知识链接】

猪蹄：

猪蹄，是指猪的脚部（蹄）和小腿，在中国又叫元蹄。在华人世界中，猪蹄是经常被人食用的部位之一，有多种不同的烹调做法。猪蹄含有丰富的胶原蛋白，脂肪含量也比肥肉低。它能防治皮肤干瘪起皱、增强皮肤弹性和韧性，对延缓衰老和促进儿童生长发育都具有特殊意义。为此，人们把猪蹄称为"美容食品"和类似于熊掌的美味佳肴。

上虞菜

上虞区是绍兴市辖区,地处浙江省东北部,东邻余姚市,南接嵊州,西连柯桥区,北濒钱塘江河口,隔水与海盐县相望。经纬度跨东经 120°36′23″—121°6′9″、北纬 29°43′38″—30°16′17″。全境基本轮廓呈南北向长方形,南北最长 60km,东西最宽 46km,面积 1403km²,其中钱塘江河口水域 212.3km²。

上虞特产:越红酒、崧厦榨菜、梁湖水磨年糕、上虞黄瓜、上虞柳编、越瓷、盖北葡萄、青梅、崧厦霉千张、上虞魁栗、二都杨梅。

四季鲜果:草莓、樱桃、杨梅、葡萄、水蜜桃、黄花梨、柿子、板栗、猕猴桃。

1. 道墟羔羊肉

【菜肴】道墟羔羊肉

【主料】羔羊肉肘子 350g

【配料】小番茄、可食用花卉

【调料】葱段,姜片,大料 1 个,料酒、盐、白糖、豆蔻各少量

【烹调技法】煮

【制作过程】

1. 把羊肘剔骨,提前用盐、白糖、料酒、葱、姜先腌一夜。

2.用砂锅把腌好的肘子放水、料酒、盐、大料、葱、姜、一点白糖、豆蔻煮熟。

3.煮至七成熟时关火,在汤里泡 3—4h 让它入味。

4.这是最关键的一步,捞起肘子,把皮向外卷好,外面再卷一层蒸馒头用的纱布,卷紧紧地用线捆紧,外面还可以裹一层保鲜膜,这样比较卫生。最后,把一层层裹好的肘子放在不锈钢的平盘里,上面压上一个特别重的大石头压 8—10h。

5.把压好的肘子解开,用刀切成薄片,调上蒜泥、生抽、醋、香油蘸着吃。

【风味特点】

口感筋道,有嚼劲,味美。

【制作要点】

1.最好在冬天做,这样就不会变质。

2.羊肉在压制时一定要压实,才能使口感筋道,方便刀工成形。

【知识链接】

羊肉和羔羊肉的区别:

羊肉跟羔羊肉的最大区别就是羔羊肉是选一岁以内小羊的肉。而羊肉则有山羊肉、绵羊肉、野羊肉。

羊肉,古时称为羖肉、羝肉、羯肉,为全世界普遍食用的肉品之一。羊肉肉质与牛肉相似,但肉味较浓。羊肉较猪肉的肉质更细嫩,较猪肉和牛肉的脂肪、胆固醇含量更少。

羔羊肉流行于宁夏、甘肃、青海、新疆四省区,都是各地的特色清真美食。羊肉"暖中补虚,补中益气,开胃健力,益肾气",是助元阳、补精血、益劳损之佳品,常吃羊肉对提高人的身体素质及抗病能力十分有益。

2. 谢塘五香干

【菜肴】谢塘五香干

【主料】黄豆

【配料】双缸酱油 5g、甘草 2g、豆蔻 2g

【调料】精盐、桂皮 5g、茴香 3g

【烹调技法】卤

【制作过程】

1.备料：选优质黄豆，洗净后用清水浸泡备用，一般夏秋季浸泡 5h，冬春季浸泡 12h。

2.磨浆：将浸泡好的黄豆用小石磨磨成生豆浆，用布袋过滤后备用。

3.煮浆：将磨好过滤后的生豆浆上锅煮，在煮的过程中再添 20%左右的水，以降低豆浆浓度和减慢蛋白质凝固速度，减少水分和可溶物的包裹，以利压榨时水分的排出。

4.点浆（也叫点花）：当煮好后的豆浆温度降至 80℃左右时，即用卤水点浆。点浆时应注意均匀一致，要勤搅动，但不乱搅。当浆出现芝麻大小的颗粒时停止点浆，盖上锅盖过约 10min，把上层清水泼出，当浆的温度降至 70℃左右时上包。

5.划脑：上包前要把豆腐脑划碎，既有利于排出内部残留的包水，又能使豆腐脑均匀地摊在包布上。

6.上包：用 15cm 见方的包布一块块地包好豆腐脑，然后将包好的豆腐脑平放在木质豆腐板上，一般每块豆腐板上可放 64 块。

7.上榨：将放有豆腐脑包的豆腐板叠放（一次叠放 10 块）后上架压榨。用石磨压榨约半小时后将压干的香干拆出布包，晾干，再放在清水里煮沸（目的是将香干内残余的卤水煮出），再晾干。

8.焐：在大锅中加适量清水，放入茴香、桂皮、甘草、豆蔻、双缸酱油、食盐等调料，煮沸后放入晾干的香干，上盖密封焐 6—7h 后，取出即成色香味俱佳的地道的谢塘五香干。

【风味特点】

甘香馥郁，回味无穷。

【制作要点】

1.在磨浆时要注意先干磨，后湿磨，注意季节变化。

2.在烘干时要注意时间,防止过火。

【知识链接】

"五香",通常指烹调食物所用茴香、花椒、八角、桂皮、丁香等五种主要香料,即芳香类调味品。它的功能是把有腥味、臊味、膻味的食品变得无异味,进而使食品清香扑鼻。食物的气味刺激人们的嗅觉,香者增强食欲,臭者减退食欲。虽然也有像臭豆腐那样的食品,闻闻臭,吃吃香,但总以气香味美为佳。

中国传统的调味品极多,其中芳香料除上述五种外,还有艾、草蒲、忍冬、花露、桂花、蔷薇、秋海棠、佛手、橙波、橘皮等。

3.小舜江冻鱼

【菜肴】小舜江冻鱼

【主料】小舜江鲜活青鱼250g

【调料】酱油、料酒、姜、葱、蒜、糖、味精各少量

【烹调技法】烧、冻

【制作过程】

1.取青鱼一条宰杀。

2.将青鱼切块,加葱、姜、料酒、酱油腌制约 2h,而后沥干备用。

3.锅内倒油,烧至六成热,炸至金黄。

4.另起一锅,加葱、姜煸香后,下入料酒、酱油、糖、味精等,下入鱼块烧至入味。

5.出锅后盛入碗中,待冷却成冻,覆扣装盘。

【风味特点】

鲜香爽口。

【知识链接】

青鱼是一种颜色青的鱼,主要分布于我国长江以南的平原地区,长江以北较稀少;它是长江中、下游和沿江湖泊里的重要渔业资源和各湖泊、池塘中的主要养殖对象,为我国淡水养殖的"四大家鱼"之一。青鱼中除含有丰富的蛋白质、脂肪外,还含丰富的硒、碘等微量元素。中医认为青鱼肉性味甘、平,无毒,有益气化湿、和中、截疟、养肝明目、养胃的功效。

4.道墟羊拼

【菜肴】道墟羊拼

【主料】羔羊肉 150g、羊肚 150g

【配料】羊肝 150g、羊舌头 150g

【调料】香料、料酒各少量

【烹调技法】蒸

【制作过程】

1.选用上好的羔羊,用压板蒸的方式将羊肉蒸熟。

2.羊肝、羊舌头也上笼蒸熟。

3.冷却装盘。

【风味特点】

鲜味清香,口感入味。

【知识链接】

羊肉的饮食保健作用:

中医认为羊肉味甘、性温、无毒。归脾、肾经。它既能御风寒,又可补身体,对一般风寒咳嗽、慢性气管炎、虚寒哮喘、肾亏阳痿、腹部冷痛、体虚怕冷、腰膝酸软、面黄肌瘦、气血两亏、病后或产后身体虚亏等一切虚状均有治疗和补益效果,最适宜于冬季食用,故被称为冬令补品,深受人们欢迎。

5. 秘制熏鱼

【菜肴】秘制熏鱼

【主料】鲜活草鱼 1000—1500g1 条

【调料】酱油、糖、盐、陈醋、葱、姜、蒜、料酒、花椒等各少量

【烹调技法】油炸卤浸

【制作过程】

1.将草鱼开膛去内脏,洗净。

2.草鱼劈成两片,用刀斩成厚约 0.5cm 的鱼段。将鱼段抹上盐,加入绍酒、葱、姜、生抽、花椒一同腌制约 2h。

3.起一油锅,将油烧至六七成热时将鱼块沥干水分后放入炸酥,再复炸一次至颜色金黄。

4.锅中留底油,放入姜米、蒜末,煸香后放入高汤、糖、盐、老抽、生抽、陈醋等,调成糖醋味,最后勾芡淋油,制成味汁备用。

5.将炸好的鱼段投入调好的味汁中,翻拌均匀,随后捞出沥干即可装盘。

【制作要点】

1.在炸制鱼段时,一定要把鱼炸透炸酥,可多次复炸。

2.在调制糖醋汁时,应准确把握味型,糖醋汁有多种配方,以下是其中一种:陈醋 1kg,加入白糖 400g 加热溶解后,再加入精盐 38g、番茄汁 70g、喼汁 70g 调匀即成。

【风味特点】

色泽红亮,酸甜爽脆。

【知识链接】

熏鱼:

我国使用熏制法加工食物的历史非常久远,在《诗·豳风·七月》中就有"穹窒熏鼠,塞向墐户"的描述。明代的《宋氏养生部》中也有关于熏鱼制法的详细记载:"治鱼为大轩,微腌,焚砻谷糠,熏熟燥。治鱼微腌,油煎之,日暴之,始烟熏之。"一上来就详细讲述了熏鱼中生熏与熟熏的不同技法。

6.酱萝卜

【菜肴】酱萝卜

【主料】萝卜

【调料】白萝卜、小米椒、白糖、生抽、大蒜、白酒、盐、花椒、陈醋

【烹调技法】酱腌

【制作过程】

1.白萝卜削皮,切成长条,撒上盐、花椒抓匀,腌制 2h。

2.将腌好的白萝卜取出,放入纯净水中洗净里面的盐水,再挤干水分。

3.将生抽倒入盆中,加入白糖、白酒、陈醋,充分搅匀。

4.将萝卜条装入容器中,倒入调好的料汁,再放上小米椒、大蒜搅匀。

5.将其密封,放入冷藏室低温腌制 8h,第二天即可食用。

【制作要点】

1.切白萝卜的时候,尽量切得粗细均匀,这样能更好地入味。

2.加盐腌制时加点花椒进去,吃起来更有层次感。

3.必须做到全程无油,不然极易坏口感。

4.如果口味比较重,可以适当地延长腌制时间,随意调节即可。

【风味特点】

咸甜酸爽脆。

【知识链接】

萝卜的营养价值:

萝卜在中国民间素有"小人参"的美称。一到冬天,便成了家家户户饭桌上的常客,现代营养学研究表明,萝卜营养丰富,含有丰富的碳水化合物和多种维生素,其中维生素C的含量比梨高8—10倍。中医认为,萝卜性凉,味辛甘,无毒,入肺、胃经,能消积滞、化痰热、下气、宽中、解毒,治食积胀满、痰嗽失音、肺痨咯血、呕吐反酸等。萝卜具有很强的行气功能,还能止咳化痰、除燥生津、清热懈毒、利便。

7.彩色马兰头

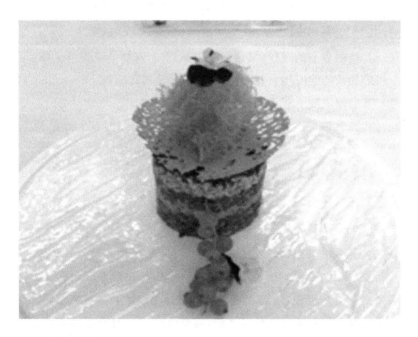

【**菜肴**】彩色马兰头

【**主料**】马兰头 150g

【**配料**】谢塘五香干 150g、冬笋 50g、胡萝卜 30g

【**调料**】盐 2g、味精 2g、麻油 5g

【**烹调技法**】煮、凉拌

【制作过程】

1. 马兰头于沸水锅焯水,而后过凉备用。

2. 将马兰头切成末,冬笋、香干、胡萝卜亦切末备用。

3. 将冬笋、香干、胡萝卜等炒熟后拌入切好的马兰头中。

4. 加盐、味精等拌匀,淋上麻油装入模具,装盘即可。

【风味特点】

春季野菜,清新爽口,色彩丰富,造型独特。

【制作要点】

1. 马兰头在焯水时要注意不可焯过头,颜色变翠绿即可,焯水后要迅速过凉。

2. 在拌制时加盐、味精、麻油即可,不能加有色调料,防止变色。

【知识链接】

马兰头,又名马兰、红梗菜、鸡儿肠、田边菊、紫菊、螃蜞头草等,属菊科马兰属多年生草本植物。马兰头原是野生种,生于路边、田野、山坡上,全国大部分地区均有分布。

马兰头有红梗和青梗两种,均可食用,药用以红梗马兰头为佳。由于寒食节与清明节合二为一的关系,一些地方还保留着清明节吃冷食的习惯。在浙江吃马兰头等时鲜蔬菜,是取其"青"字,以合"清明"之"青"。

8.巧手兰花干

【菜肴】巧手兰花干

【主料】香干 250g

【调料】盐、味精、桂皮、酒、酱油各少量

【烹调技法】煮

【制作过程】

1.把香干切成兰花刀。

2.加调料煮至入味。

3.装盘即可。

【风味特点】

酱香浓郁,咸鲜合一。

【知识链接】

兰花干,即兰花豆腐干,因运用兰花花刀对豆腐干进行剞刀处理而得名。切好的豆腐干形似兰花。虽然兰花干是道传统小菜,却早在满汉全席里就有它朴素的身影。

9.后海白虾干

【菜肴】后海白虾干

【主料】白虾 250g

【调料】酒 5g、盐 3g

【烹调技法】蒸

【制作过程】

1.鲜白虾洗净以后,在锅中放入清水烧沸,放入白虾,煮2—3min。

2.捞出白虾沥干,放入竹匾中晒干(风干也可),即可装盘。

【风味特点】

清香味美,原汁原味。

【制作要点】

1.白虾在煮制时可放入少许的葱姜、料酒,几粒花椒,增香去腥。

2.白虾在煮制时要注意时间不可太长,变色成熟即可。

【知识链接】

吃虾的注意事项:

1.虾背上的虾线,是虾未排泄完的废物,假如吃到口内有泥腥味,影响食欲,所以应除掉。

2.色发红、身软、掉头的虾不新鲜,尽量不买。腐败变质的虾一定不能吃。

3.虾与部分水果同时吃时应注意:虾含有比较丰富的蛋白质和钙等营养物质,若与含有鞣酸的水果如柿子、山楂、石榴、葡萄等同吃,不仅会降低蛋白质的营养价值,而且鞣酸和钙结合形成鞣酸钙后会刺激胃肠,惹起不适,出现呕吐、头晕、腹泻腹痛等症状。

4.食用海鲜时最好不要大量喝啤酒,因为那样会产生过多的尿酸,而引起痛风。吃海鲜时应配以干白葡萄酒,因为其中的果酸具有杀菌与去腥的作用。

5.虾的背部呈青黑色是新鲜的表现。一般虾壳坚硬,头部完整,体部硬朗、弯曲、个头大的虾味道比较鲜美。

10. 白斩鹅肉

【**菜肴**】白斩鹅肉

【**主料**】曹娥江白鹅 250g

【**调料**】料酒 5g、米酒 5g、盐 3g、葱 5g、姜 5g、花椒 5g、蒜 5g、小米椒 15g

【**烹调技法**】蒸

【制作过程】

1.将鹅肉洗净,锅置火上放入凉水,放鹅肉、料酒、少量的花椒焯 6min。捞起用水冲洗净。

2.将焯过水的鹅肉擦点盐,放入容器内,放姜片、少量的花椒,放入蒸锅蒸 50min。放凉切块装盘。

3.将葱、姜、蒜、小米椒洗净切碎放入碗中,放盐,滴入几滴米酒拌匀,油烧至六成热时淋入调料碗,倒入生抽拌匀即成蘸料。

【风味特点】

味道清香,肉质嫩滑紧实,清淡可口。

【制作要点】

1.鹅肉在焯水时要冷水下锅,至熟即可捞出,无须焯太长时间,防止鹅肉质老。

2.鹅肉在蒸制时应中火加热,以最高限度保持鹅肉的天然质感。

【知识链接】

鹅肉的营养价值:

鹅肉营养丰富,富含人体所必需的多种氨基酸、蛋白质、多种维生素、糖、微量元素,并且脂肪含量很低,不饱和脂肪酸含量高,对人体健康十分有利。鹅肉的蛋白质含量很高,根据测定,其含量比鸭肉、鸡肉、牛肉、猪肉都高,赖氨酸含量比肉仔鸡高。同时鹅肉作为绿色食品于 2002 年被联合国粮农组织列为 21 世纪重点发展的绿色食品之一。中医理论认为鹅肉味甘平,有补虚益气、暖胃生津、祛风湿之效,是中医食疗的上品。具有益气补虚、和胃止渴、止咳化痰、解铅毒等作用。适宜身体虚弱、气血不足、营养不良之人食用。凡经常口渴、乏力、气短、食欲不振者,可常喝鹅汤,吃鹅肉,特别适合在冬季进补。

11. 香糟三味

【**菜肴**】香糟三味

【**主料**】猪舌 100g、五花肉 100g、猪肝 100g

【**调料**】盐 6g、味精 2g、料酒 5g、香糟汁 100g

【**烹调技法**】糟

【制作过程】

1.猪舌、猪五花肉、猪肝清洗干净,入冷水锅焯水,再放入锅内,加入葱、姜、料酒,煮熟。

2.待猪舌、猪五花肉、猪肝煮熟稍凉,加盐擦抹三次,充分入味。

3.把酒糟分成两份,并各用纱布包裹,酒糟大小以能上下一起包裹住整块肉最为适宜。

4.待三种材料变冷,并无水沥出,把一块酒糟放在密封罐底部,三种肉置于酒糟上,并在肉上再盖一块酒糟,使肉被整个酒糟包裹。

5.密封罐外面再包几层不透光的袋子,并封住罐口。

6.将密封罐置于阴暗处。冬天做糟肉半个月后,即可食用。夏天做糟肉,可以置于冰箱冷藏,三个星期后取之切片食用。

【风味特点】

独特的香味、酒味、淳味令人回味无穷。

【知识链接】

糟鸡糟肉是嵊州久负盛名的风味小吃。传说古时嵊城有一家夫妻小酒店,自酿糯米酒出售。后来糯米酿酒在城乡普及,买酒之人越来越少,夫妻俩的日子便过得艰难起来。眼看已近年关,夫妻俩杀了一只鸡,买了一刀肉,但无钱再置年货,连买酱油的钱也没有了。夫妻俩便在烧熟的鸡和肉上搓了把盐,放入一只陶罐内,并异想天开地在鸡和肉上放了酒糟,用双手揿实,再在罐口上盖了一只海碗。这酒糟是酿糯米酒后留下的渣滓,它像老酒一样越陈越香,以前都是作为废物处理掉的。

过了年后,亲戚朋友们互相走动吃饭,当来到他们家时,夫妻俩无菜招待,急中生智,便拿出了陶罐内的鸡和肉。不料,一经打开,满屋生香,大家吃得津津有味,赞不绝口。回去后,家家仿制,糟鸡、糟肉这道特殊的菜便慢慢在嵊城流传开了。后来,一位外地来客尝到这道菜后,被鲜美的味道所陶醉,回去后照样仿制,但总不及嵊城的糟鸡糟肉正宗。

糟鸡糟肉的制作方法十分简单,在烧熟的鸡和肉块上擦上适量的盐,分层放入不漏水的容器内,每层的中间铺入酒糟,用双手撤实,加盖密封,待 10—15 天后,即可启盖食用。糟鸡糟肉往往在过年前入封,年后一星期便可食用,成为嵊州人春节期间的一道传统佳肴。糟鸡糟肉一般可吃到农历二月满,糟鸡糟肉吃完后,其酒糟也留下了肉香,在酒糟内放入胡葱,放饭镬内蒸熟后加一筷头熟猪油,成了清明时节的常用菜。

酒糟不仅可以糟鸡肉、猪肉,也可以糟牛肉、狗肉和鹅肉,还可以糟水中的甲鱼和鱼肉。这酒香扑鼻、鲜美可口的糟肉,已受到愈来愈多人的喜爱。

12. 醉香白玉蟹

【菜肴】醉香白玉蟹

【主料】白玉蟹 150g

【调料】料酒 5g、食用油 8g、味精 2g、生姜 5g

【烹调技法】醉

【制作过程】

1.用细刷把白玉蟹上的脏物刷净。

2. 在水桶中加淡盐水,放入白玉蟹,让它自由爬行 1 天,适时换水,这个过程中它会吐沙,最后一次换水最好用冷开水。

3. 把白玉蟹捞出来,沥干。

4. 用冷开水加盐(4∶1)调制好盐水,把白玉蟹倒入盐水中浸泡 12h 左右。

5. 把白玉蟹从盐水中捞起来,沥干,放入玻璃瓶内,然后加入调料,如生姜、大蒜、糖、味精、酱油少许、黄酒(适量,酒水之比为 7∶3)等,调料要覆盖白玉蟹,一般冬天要腌制 8h,秋天需要腌制 6h。

6. 将腌制好的白玉蟹加入调料,再腌制 2h 即可。

【风味特点】

白玉蟹虽小,膏厚肉肥。

【制作要点】

1. 醉蟹用玻璃容器比较好,蟹一定要是活蟹,切不可使用死蟹。

2. 白玉蟹一年四季都能捕获,但春天味道最鲜美。白玉蟹在每年立冬前就爬进窟窿休眠,到了第二年春节后,腹内的杂食均已排尽,蟹黄蟹肉也渐渐丰满,这时候的白玉蟹肉质细嫩,膏似凝脂,味道鲜美,营养价值高。

【知识链接】

白玉蟹,亦称彭越蟹、旁元蟹、彭琪蟹,也有叫“朋友蟹”的。《蟹谱》曰:螯赤者,名拥剑;又一种,名桀步。《至正续志》云:彭越,一螯大一螯小,以大螯斗小螯食物。余谓彭越蟹虽小,盐酒醉之,异于常蟹。称其白玉蟹,因盐酒醉后,蟹钳洁白如玉,而鲜美异常,为“下饭”里的上品。

13.鳖味冻羊肉

【菜肴】鳖味冻羊肉

【主料】生羊肉 200g

【辅料】黄鱼鳖 100g

【调料】食用盐 3g、糖 5g、味精 3g、料酒 10g、酱油 5g

【烹调技法】烧、冻

【制作过程】

1.将生羊肉、鳖切块,焯水。

2.将羊肉烧至七成熟时再放入鲞,烧熟装碗,凝冻后反扣在盘中。

【风味特点】

咸鲜合一,香味浓厚。

【知识链接】

大黄鱼鲞又称黄鱼鲞(xiang)、白鲞,大家习惯上叫黄鱼鲞。黄鱼鲞是指将新鲜大黄鱼通过腌制后风干而成的海产食品,是一道色香味俱全的传统名肴,属于浙菜系中一个菜品原材料。经过精细加工的舟山黄鱼鲞,洁白、形圆、味鲜、咸淡适口,含有丰富的蛋白质和适量的脂肪。

目前市场上黄鱼鲞是以福建宁德养殖大黄鱼为主要原料调味加工而成的。按照不同加工方法,背开盐渍后经漂洗晒干的称"淡鲞"或"白鲞",其质优;不经漂洗直接晒干的称"老鲞";整条盐渍后晒干的称"瓜鲞",质量较"淡鲞"差。传统黄鱼鲞多产于浙江沿海,随着野生大黄鱼资源急剧减少,不再成为鱼汛,大黄鱼养殖主要产地福建宁德从 2002 年起,一步步开始探索深加工脱脂大黄鱼加工业,获得成功。

黄鱼鲞富含蛋白质、脂肪、钙、磷、钾、维生素 A 等成分。传统上舟山群岛海域是野生大黄鱼的主要产地之一,现如今福建宁德由脱脂大黄鱼而演变成的黄鱼鲞产量巨大,已经成为我国加工生产重地,出产黄鱼鲞数量远远超过舟山、宁波。过去,经过精细加工的舟山白鲞,雪白、形圆、味鲜、咸淡适口,含有丰富的蛋白质和适量的脂肪,具有开胃、清火、生津、活血的作用。黄鱼鲞烤猪肉,是浙江舟山渔区定海人用来招待客人的一种最有特色的美食。白鲞加生姜清炖,除了可供妇女产后补虚,还有很高的药用价值,其有清热去瘀、通淋利尿的作用,鳔有润肺健脾、补气止血的作用,胆有清热解毒的功能。

14.酱香鳊鱼

【菜肴】酱香鳊鱼

【主料】白马湖鳊鱼 400g

【调料】盐 2g、味精 2g、料酒 5g、生抽 30g、老抽 5g、花椒 10g

【烹调技法】酱、风

【制作过程】

1.鳊鱼洗净后沥干,放在大盘中加老抽、生抽、花椒、料酒腌制两三天,用石头压实。

2.待腌制好后取出沥干晒干。

3.鳊鱼干加葱、姜、料酒,蒸熟装盘即可。

【风味特点】

酱香浓郁,肉质紧实,鲜香味美。

【制作要点】

1.在对酱鱼、酱鸭、酱排骨风干或烘干时要注意湿度,防止发生霉变或变质。

2.在蒸制时要注意时间,防止原料因蒸制时间过久而发生剧烈的变形。

【知识链接】

鳊鱼,又名鳊,亦称长身鳊、鳊花、油鳊;古名槎头鳊、缩项鳊。在中国,鳊鱼也为三角鲂、团头鲂(武昌鱼)的统称。体长30cm左右,比较适于静水中生活。主要分布于中国长江中、下游附属中型湖泊。生长迅速、适应能力强、食性广。其肉质嫩滑,味道鲜美,是中国主要淡水养殖鱼类之一。

鳊鱼具有补虚、益脾、养血、祛风、健胃之功效,可以预防贫血症、低血糖、高血压和动脉血管硬化等疾病。《食疗本草》中有记载:鲂鱼,调胃气,利五脏,和芥子酱食之,能助肺气,去胃风,消谷。作鲙食之,助脾气,令人能食,作羹膳食宜人,功与鲫同。凡患有慢性痼疾之人忌食。

15. 酒香糟带鱼

【菜肴】酒香糟带鱼

【主料】带鱼 500g

【辅料】青红椒丝

【调料】酒糟 250g,盐 15g,葱段、姜片各 10g,花椒适量

【烹调技法】糟、蒸

【制作过程】

1.鲜带鱼洗净,切成长约 8cm 的段。

2.将带鱼段抹上盐后码入坛中,放入酒糟、花椒、葱段、姜片在 5℃环境下糟制 10h。

3.取出带鱼段,码入盘中,放上酒糟,放入蒸笼旺火蒸 6—7min。

4.撒青红椒丝,淋响油即可。

【风味特点】

香鲜味浓,别有风味。

【制作要点】

1.准确把握糟制时间。

2.蒸时要旺火猛汽蒸制。

【知识链接】

糟制法:

糟是将原料置于以酒糟和盐为浸渍液的密闭容器中发酵成熟的加工方法。尽管糟加工原料要以酒辅助风味才能更加突出,但由于糟也可以添加其他的一些香料进行发酵,使糟香味更加突出,故将糟和醉加以区分。

16.虞味梅鱼鱼羹

【菜肴】虞味梅鱼鱼羹

【主料】后海梅鱼 350g

【配料】黑木耳 10g

【调料】胡萝卜、生姜、粉丝、香干、香菜、高汤、盐、料酒、淀粉

【烹调技法】烩

【制作过程】

1.梅鱼洗净去骨取肉,鱼骨切块熬成鱼汤。

2.取下的鱼肉切丝,胡萝卜、生姜、黑木耳、香干等辅料切丝,香菜切碎备用。

3.将梅鱼丝加料酒焯水、各辅料焯水后一起放入鱼汤烧制 3—5min,然后勾薄芡出锅。

【风味特点】

鲜美滑嫩。

【制作要点】

1.熬鱼汤时要保持中火熬制,使汤色洁白。

2.梅鱼丝焯水时要把握时间及火候,尽量保持鱼丝完整。

【知识链接】

梅童鱼,地方名:梅同、大头仔、丁珠、梅子、大头宝、黄皮、吉头、蒙头。石首鱼科梅童鱼属。体长而侧扁,背部弧形,腹部较平直,尾柄细长。头大而圆钝,额部隆起,鳞片大而薄,易脱落,头及全身均被圆鳞。侧线明显。梅童鱼为我国近海小型经济鱼类之一,黑鳃梅童鱼主要分布在渤海,棘头梅童鱼主要分布在黄海和东海,其中东海产量最大。每年的 4—6 月份和 9—10 月份为鱼汛旺季。

梅童鱼肉嫩刺软,肉味鲜美,食用方法除红烧、干炸外,还可加工成鱼糜,制作鱼肉馅或鱼丸子等。

17. 家烧大鲈鱼

【菜肴】家烧大鲈鱼

【主料】大鲈鱼 750g

【配料】青、红美人椒各 100g，霉苋菜梗 500g

【调料】生姜、大蒜、盐、味精、胡椒粉、小葱

【烹调技法】烧

【制作过程】

1.将鲈鱼洗净,采用背开法,用刀从背部劈开,去内脏,把鱼分成腹部相连的一片,在鱼肉面上剞上斜一字刀纹,洗净后用盐稍腌,备用。

2.锅留底油,加葱、姜煸香后,将鲈鱼放入,用中小火把鲈鱼煎成两面金黄。

3.放入高汤和霉苋菜梗,加盐、味精、胡椒粉调味。

4.用旺火烧开后改成文火烧 10min,盛入汤盘中,再放入青、红美人椒和葱段,淋上响油即可。

【风味特点】

绍兴特色霉腌风味。

【知识链接】

鲈鱼,我国最常见的有两种,分别是:海鲈鱼,学名日本真鲈,分布于近海及河口海水淡水交汇处;松江鲈鱼,也称四鳃鲈鱼,属于近海洄游鱼类,最为著名。

我国食用鲈鱼的历史也非常久远,早在西晋,就有张翰"莼鲈之思"的典故。《世说新语·识鉴》记载:"张季鹰辟齐王东曹掾,在洛,见秋风起,因思吴中菰菜羹、鲈鱼脍,曰:'人生贵得适意尔,何能羁宦数千里以要名爵!'遂命驾便归。俄而齐王败,时人皆谓为见机。"后来被传为佳话,演变成"莼鲈之思"的历史典故。

18.苋菜梗蒸花生节

【菜肴】苋菜梗蒸花生节

【主料】霉苋菜梗 300g

【配料】花生 200g

【调料】水 250g、菜油 10g

【烹调技法】蒸

【制作过程】

1. 花生按破放入霉苋菜梗水中浸泡 20min。

2. 再把花生放碗里,上面放上霉苋菜梗。

3. 放入盐、味精、菜籽油,上笼蒸制约 30min 后,装盘,霉苋菜梗垫底,花生节放于其上。

【风味特点】

口感香醇,回味无穷。

【制作要点】

蒸制时要注意用旺火猛汽蒸制,至花生节酥而不烂即可。

【知识链接】

霉苋菜梗:

霉苋菜梗是浙江绍兴历史悠久的地方传统名菜。色泽亮丽,色绿如碧,清香酥嫩,鲜美入味,助消化,增食欲,最宜下饭。绍兴人食用霉苋菜梗历史悠久。越王勾践夫妇入吴为奴,当时越国已国贫民穷,百姓皆以野菜充饥。有一老者,在蕺山上采得野苋菜梗一把,其嫩茎、叶已食用,但又老又硬的菜梗一时无法煮熟,弃之又觉可惜,便藏于瓦罐中以备日后再煮。不料数日后,罐内竟发出阵阵香气,老汉取而蒸食,竟一蒸即熟,其味又远胜于茎叶,百姓闻之,纷纷效仿,流传至今。

19. 女儿红酒雪花牛肉

【菜肴】女儿红酒雪花牛肉

【主料】雪花牛肉 500g

【调料】冰糖 200g，女儿红 500g，葱段、姜片、生抽、老抽、八角、桂皮、香叶各少许

【烹调技法】烧

【制作过程】

1.雪花牛肉切方块后，下入冷水锅中，加葱、姜、酒，焯水至熟。

2.锅中留底油,将一部分冰糖倒入炒制糖色备用。

3.另起一锅,加入葱段、姜片,炒香,而后放入牛肉。

4.将女儿红 500g 倒入锅中,加生抽、老抽、蚝油、盐、糖、香料调味,再加慢火炖制 1h 左右,最后旺火慢慢收汁即可。

【风味特点】

甜而不腻,酥嫩鲜美。

【制作要点】

1.牛肉在烧制时要小火烧制,必要时可加锅盖焖煮。

2.旺火收汁时要注意不断晃锅,防止糊底。

【知识链接】

女儿红酒:

女儿红是浙江省绍兴市的地方传统名酒,属于发酵酒中的黄酒,用糯米发酵而成,含有大量人体所需的氨基酸。江南的冬天空气潮湿寒冷,人们常饮用此酒来增强抵抗力。它有养身的功效。

"汲取门前鉴湖水,酿得绍酒万里香",始创于晋代女儿红品牌的故事千年流传。早在公元 304 年,晋代上虞人稽含所著的《南方草木状》中就有女酒、女儿红酒为旧时富家生女嫁女必备之物的记载。当女儿落地发出第一声啼哭,父亲就会将三亩田的糯谷酿成三坛子女儿红,待到女儿十八岁出嫁之时,用酒作为陪嫁的贺礼,恭送到夫家。在绍兴一带这一生女必酿女儿酒的习俗长久流传。南宋著名爱国诗人陆游住东关古镇时,品饮女儿红酒后写下了著名诗句"移家只欲东关住,夜夜湖中看月生"。

20.笋干菜烧鞭笋

【菜肴】笋干菜烧鞭笋

【主料】鞭笋 600g

【配料】笋干菜 50g

【调料】鸡精、水 1000g

【烹调技法】烧

【制作过程】

1. 取笋干菜 50g 一份放一边待用。

2. 鞭笋去壳切去笋老根部,洗净,开水焯水捞出待用。

3. 鞭笋煮透后放入笋干菜再煮一会,放入高汤、盐等调味料,捞出装盘即可。

【风味特点】

鲜美爽口,乡味更浓。

【制作要点】

1. 鞭笋在焯水时要焯透。

2. 调味以清淡为主,以突出笋的本味。

【知识链接】

鞭笋,又称鞭梢、笋鞭、边笋,是指竹鞭的先端部分。可以烹饪出多种美味可口的菜品,可荤可素,老少皆宜。

鞭笋外包坚硬的鞭箨(笋壳),形状尖削,穿透力甚强。鞭梢生长与发笋长竹交替进行。生长活动期为 5—6 个月,以后在新竹抽枝发叶后,夏、秋季行鞭生长,大量孕笋后逐渐停止生长。冬季萎缩脱落,以后在断处发出岔鞭。在疏松肥润的土壤中鞭梢生长非常快,一年可达 4—5 米。生长所需养分均来自与其相连的母竹,因此在鞭梢生长期间,应禁止砍竹和挖鞭。鞭笋可供食用,在用材竹林中,挖掘鞭笋会妨碍新鞭蔓延,影响孕笋成竹,应该禁止。

21. 茶香鸽子蛋

【菜肴】茶香鸽子蛋

【主料】鸽子蛋 400g

【配料】红茶 20g

【调料】卤包(八角、桂皮、花椒、香叶)、酱油、精盐少量

【烹调技法】卤

【制作过程】

1.将蛋放入水中煮至蛋白凝固,取出后泡冷水之中,轻将蛋壳敲出裂纹备用。

2.锅中加水,放入红茶、卤包、酱油、盐少量,再放入鸽子蛋,用小火慢煮约30min后熄火浸泡至入味即可。

【风味特点】

茶香浓郁。

【制作要点】

1.煮制鸽蛋时要用小火,防止蛋白爆开。

2.锅中烧制时调味可稍重,防止鸽蛋难以入味。

【知识链接】

鸽蛋的营养价值:

鸽蛋在《本草纲目》中被称为鸽卵。鸽蛋为鸠鸽科动物原鸽或家鸽等的蛋。中医药学认为,鸽蛋味甘、咸,性平,具有补肝肾、益精气、丰肌肤等功效。《随息居饮食谱》介绍鸽蛋时说:"甘,平,清热,解毒,补肾益身。"《本草适原》说鸽蛋"久患虚赢者,食之有益。"

鸽蛋含有大量优质蛋白质及少量脂肪,并含少量糖分,以及磷脂、铁、钙、维生素 A、维生素 B_1、维生素 D 等营养成分,易于消化吸收。鸽蛋乃孕妇、儿童、病人等人群的高级营养品。

22. 虞味全家福

【菜肴】虞味全家福

【主料】猪瘦肉 500g、草鱼肉 750g、鸡蛋 200g、河虾 75g、素鸡 200g

【配料】大白菜 400g、青虾仁 300g

【调料】盐、酒、高汤

【烹调技法】烧

【制作过程】

1.将瘦猪肉剁蓉后挤成肉丸。

2.将草鱼肉切碎漂洗后剁蓉,打上劲后挤成鱼圆。

3.将鸡蛋摊成蛋皮之后包入馅心,做成蛋饺。

4.将素鸡、白菜放入炖锅中垫底,上面分别摆上鱼圆、蛋饺、肉丸、河虾、虾菇丸子等,入鸡汤炖制即可。

【风味特点】

地道家常菜,滋味鲜美。

【制作要点】

1.各种原料需根据其特性选择恰当的焯水火候及加热时间。

2.每种丸子需大小保持一致。

【知识链接】

全家福,是江浙菜中一道吉祥讨喜的年菜,材料繁多,但可按个人喜好随意改变,口味鲜美,营养丰富。

23. 家乡炖豆腐

【菜肴】家乡炖豆腐

【主料】猪筒骨 250g

【配料】老豆腐 500g、干香菇

【调料】酱油、高汤、香料等各少量

【烹调技法】炖

【制作过程】

1.猪筒骨斩成小段,加葱姜酒焯水,炖汤备用;干香菇热水泡发备用。

2.老豆腐焯水,然后小火炖煮一两个小时至内部空即可。

3.将炖空的豆腐放入筒骨汤中,加酱油、香叶、八角、香菇一起炖入味即可。

【风味特点】

汤汁醇厚,色泽红亮。

【制作要点】

1.豆腐炖煮时要保持小火,防止豆腐散碎。

2.在加酱油时要调准颜色,以红亮为度。

【知识链接】

豆腐的种类:

传统豆腐有南、北豆腐之分,主要是因为制作的时候添加的凝固剂不同。南豆腐用石膏点制,因凝固的豆腐花含水量较高而质地细嫩,水分含量在90％左右;北豆腐多用卤水或酸浆点制,凝固的豆腐花含水量较少,质地较南豆腐老,水分含量在85％左右,但是由于含水量更少,故而豆腐味更浓,质地更韧,也较容易烹饪。还有一种是添加葡萄糖酸-δ-内酯的豆腐,称为内酯豆腐。葡萄糖酸-δ-内酯是一种新型凝固剂。内酯豆腐的制作方法较传统制备方法提高了出品率和产品质量,减少了环境污染。还有日本的"绢豆腐",质地明显要比北豆腐和南豆腐嫩滑与细腻。

24. 金钱肚焖稻谷鸭

【菜肴】金钱肚焖稻谷鸭

【主料】金钱肚 250g、稻谷鸭 1 只

【配料】青菜心 10 棵

【调料】香料、黄酒、酱油等各少量

【烹调技法】焖

【制作过程】

1.鸭子洗净焯水备用。

2.将白芷、香叶、豆蔻、干香茅、花椒、八角、桂皮投入水锅熬煮成卤汁备用。

3.将稻谷鸭放入卤汁中,加入黄酒、酱油、盐炖煮约 1h 至入味。

4.将猪油放入,煸葱姜,将香料炒一下,加入高汤,将调料放入,加入鸭子、牛肚,卤制 30—60min 出锅,待冷却后改刀装盘。

【风味特点】

酱香浓郁。

【制作要点】

1.鸭子在炖制时要注意烧制入味。

2.牛肚在煮制时要注意烧制入味。

【知识链接】

金钱肚:

金钱肚又称蜂窝肚,为牛的四个胃之一。牛为反刍动物,共有四个胃,前三个胃为牛食道的变异,即瘤胃(又称毛肚)、网胃(又称蜂巢胃、金钱肚、麻肚)、瓣胃(又称重瓣胃、百叶胃),最后一个为真胃又称皱胃。瘤胃内壁肉柱,俗称"肚领""肚梁""肚仁";贲门括约肌,肉厚而韧,俗称"肚尖""肚头"。

25. 家乡私房鲫鱼

【菜肴】家乡私房鲫鱼

【主料】鲫鱼 1 条 750g

【配料】臭腌菜 100g、臭豆腐 150g

【调料】盐、酒、姜、蒜、葱、酱油、糖各少量

【烹调技法】煮

【制作过程】

1.鲫鱼洗杀干净,背部开刀,主骨三刀、侧面两刀。

2.臭豆腐油炸至金黄备用。

3.菜油烧至七成热,将鲫鱼煎至两面金黄,下入姜丁、蒜子、黄酒、酱油、盐、糖、水适量,大火烧开,小火收汁至汤汁浓稠即可。

【风味特点】

味浓,肉嫩,下酒好菜。

【制作要点】

1.将鲫鱼放入油锅中煎制时要注意把鱼煎透,使之后煮制的汤汁浓白。

2.煮制鱼汤时要注意大火烧开、中火煮制,使汤色浓白。

【知识链接】

鲫鱼,简称鲫,俗名鲫瓜子、月鲫仔、土鲫、细头、鲋鱼、寒鲋、喜头、鲫壳、河鲫。鲫鱼营养丰富,每500g肉中约含蛋白质26g,脂肪2.2g,碳水化合物0.2g,钙、磷、铁等无机成分1.6g,维生素$B_1$0.2mg,维生素$B_2$0.14mg,烟酸4.8mg,另含维生素A、维生素D等。

中医认为鲫鱼味甘,性平、温。入脾、胃、大肠经。具有一定的食疗保健功效。可以健脾利湿。可用于治疗脾胃虚弱、纳少无力、痢疾、便血、水肿、淋病、肿痛、溃疡等症。

26. 飘香葱花鲜

【菜肴】飘香葱花鲜

【主料】腐皮 2 张、目鱼泥 50g、黄鱼肉泥 100g、虾仁泥 50g

【配料】青豆瓣 20g、臭腌菜 20g、茭白 20g

【调料】盐、酒、姜、葱等各少量

【烹调技法】蒸

【制作过程】

1.将腐皮泡水至柔软备用。

2.取容器将目鱼泥、黄鱼肉泥及虾仁泥混合,加入香葱末、姜末,适量盐、胡椒粉摔打上劲。

3.将两张腐皮重叠,卷起包入馅料,收口处抹适量蛋黄,收好口,切 3cm 左右的小段。

4.摆盘,放入青豆瓣、臭腌菜、茭白丝,淋入菜油,放入适量盐、鸡精少许,蒸箱蒸 8min 即可。

【风味特点】

清鲜,味醇。

【制作要点】

1.目鱼泥、黄鱼肉泥、虾仁泥等需在混合后搅打上劲。

2.腐皮在卷制时要注意卷紧,否则容易散开。

【知识链接】

腐皮,又称油皮、豆腐衣,在制作时选用浓豆浆,倒入平底锅中,加热时注意不要煮沸,锅中豆浆的表层就产生一层皮膜,用竹签等工具恰当地捞出并使之慢慢地干燥,但也有在未干燥时就加以烹调食用的。

27. 雪菜炒河蚌

【菜肴】雪菜炒河蚌

【主料】河蚌肉 400g

【配料】雪菜 100g、茭白丝 20g

【调料】绍酒、姜、蒜、葱等各少量

【烹调技法】炒

【制作过程】

1.河蚌肉切丝,洗净,加葱、姜、酒焯水备用。

2.锅内放菜油适量、烧至五成热,下入姜丝、蒜末、干辣椒爆香。

3.加入雪菜稍煸后再放入茭白丝、河蚌肉一同翻炒,加入少量高汤,适量盐、鸡精、糖,中火翻炒收汁,装盘即可。

【风味特点】

口味鲜美,咸鲜合一。

【制作要点】

1.在翻炒收汁时火力不宜过小。

2.下锅时注意投料顺序。

【知识链接】

河蚌:河蚌的营养价值很高,含有蛋白质,脂肪,糖类,钙,磷,铁,维生素 A、B_1、B_2。河蚌每 100g 可食部分含蛋白质 10.9g、钙 248mg、铁 26.6mg、锌 6.23mg、磷 305mg、维生素 A243μg、硒 20.24μg、胡萝卜素 2.3μg,还含有较多的核黄素和其他营养物质,总能量可达到 20.71MJ/kg。河蚌肉对人体有良好的保健功效,有滋阴平肝、明目防眼疾等作用。

28.花雕下管鸡炖猪手

【菜肴】花雕下管鸡炖猪手

【主料】下管鸡 1 只 600g

【配料】猪手 400g、小鲍鱼 10 只

【调料】酒、姜、蒜、葱、自制香料等各少量

【烹调技法】炖

【制作过程】

1.下管鸡宰杀,净膛,洗净,沥干水分备用。

2.抹上酱油入六七成热的油锅过油走红。

3.猪手取段,加葱段、姜片焯水。

4.小鲍鱼切花刀,焯水备用。

5.将鸡、猪手加入绍兴花雕酒与酱油王同炖一两个小时,即将出锅时下入小鲍鱼,旺火收汁即可。

【风味特点】

酒香扑鼻,回味浓厚。

【知识链接】

花雕酒属于黄酒,是中国的传统特产酒。据记载,花雕酒起源于6000年前的山东大汶口文化时期,代表了源远流长的中国酒文化。在各地的花雕酒当中,字号最老的当数浙江绍兴的花雕酒。绍兴酒种颇丰,有元红酒、加饭酒、善酿酒、香雪酒、花雕酒等,而花雕又是当中最富特色的。

花雕酒属于发酵酒中的黄酒,是中国黄酒中的奇葩。选用上好糯米、优质麦曲,辅以江浙明净澄澈的湖水,用古法酿制,再贮以时日,产生出独特的风味和丰富的营养。据科学鉴定,花雕酒含有对人体有益的多种氨基酸、糖类和维生素等营养成分,被称为"高级液体蛋糕"。根据贮存时间不同,花雕酒有三年陈、五年陈、八年陈、十年陈,甚至几十年陈等,以陈为贵。总的来说,花雕酒酒性柔和,酒色橙黄清亮,酒香馥郁芬芳,酒味甘香醇厚。

29.香糟甲鱼

【菜肴】香糟甲鱼

【主料】本地甲鱼 500g

【调料】香糟、姜、葱、蒜、盐等各少量

【烹调技法】糟

【制作过程】

1.将甲鱼宰杀,剁成小块,去除肥油。

2.将甲鱼加葱、姜、酒上笼蒸 25min,取出后立即泡冰水备用。

3.用绍兴黄酒糟、加饭酒、盐、味精、姜末,加热水调成糟卤汁。

4.冷却后打出糟汁泡入甲鱼,压上重物,封入坛中,糟制 12h 即可。

【风味特点】

甲鱼 Q 弹,糟香适口,营养丰富,风味地道。

【制作要点】

1.将甲鱼蒸制好之后一定要迅速泡入冰水,使肉质更加紧实 Q 弹。

2.在调制酒糟时要把握好味道,防止口味过重或者过淡。

【知识链接】

甲鱼,是鳖的俗称,也叫团鱼、水鱼,是卵生两栖爬行动物,是龟鳖目鳖科软壳水生龟的统称。共有 20 多种。中国现存主要有中华鳖、山瑞鳖、斑鳖、鼋,其中以中华鳖最为常见。

甲鱼不仅是餐桌上的美味佳肴、上等筵席的优质材料,还可作为中药材料入药。其具有诸多滋补药用功效,能清热养阴、平肝熄风、软坚散结,对肝硬化、肝脾肿大、小儿惊痫等有一定疗效。

30.三鲜小舜江鱼头皇

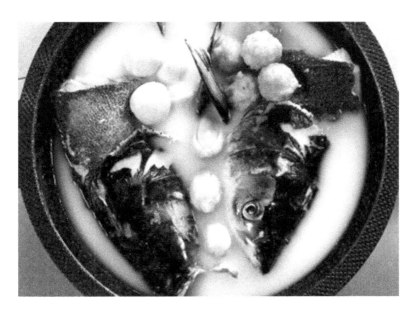

【菜肴】三鲜小舜江鱼头皇

【主料】小舜江胖头鱼头 1500g

【配料】五花肉 250g、雪菜 150g、鞭笋 100g

【调料】盐、酒、姜、葱等各少量

【烹调技法】炖

【制作过程】

1.将下管土猪肉打成肉丸。

2.将丁宅雪菜、长塘鞭笋丝炒熟,嵌入油豆腐。

3.将鱼肉剁碎做鱼丸。

4.将鱼头用猪油煎透,加入热水泡浓汤后放入三鲜料。

5.上旺火炖约 15min 后出锅。

【风味特点】

鱼头鲜活,三鲜料各有特色。

【知识链接】

小舜江,因是舜江(曹娥江)的主要支流而得名,又名小江或东小江。其源有二:南溪自嵊州竹溪赤藤冈,流经谷来、马溪,入柯桥区王坛向东北流去;北溪自柯桥区稽东,经王坛至两溪与南溪汇合,流入上虞,再经上虞胜利乡、汤浦镇,在上浦小江口汇入曹娥江。绍兴两溪乡至上虞上浦段称小舜江。

31. 笋干菜焗澳带

【菜肴】笋干菜焗澳带

【主料】澳带 200g

【配料】干菜 20g

【调料】酒、姜、蒜、葱等各少量

【烹调技法】焗

【制作过程】

1. 干菜用油膘蒸透。

2. 澳带加盐、水淀粉、葱、姜、酒拌匀上浆。

3. 小火将澳带煎至两面金黄。

4. 加入干菜同焗至香味溢出装盘。

【风味特点】

干菜香味浓郁，澳带鲜嫩。

【知识链接】

焗和蒸的区别：

焗需要专用的炉子，蒸可以用笼屉、蒸锅，整个制作流程全都不一样。

焗是用专用的焗炉烤制而成的，相较于其他的制作手法，焗更能保留食物的原汁原味，更能挖掘食物的营养价值。

焗，是一种制作工艺。相当于蒸、焖、烤、炸等。这是一种西餐技艺。

蒸是把食物摆入竹笼屉里，笼屉上码上笼屉。蒸的优点是一次可制作多种食物，并节省燃料。所有的食物都可用蒸制法，如各种肉类、鱼、饺子、包子。

32. 千刀肉

【**菜肴**】千刀肉

【**主料**】猪肉

【**配料**】毛豆子、鸽子蛋

【**调料**】盐、鸡精、酒等各少量

【**烹调技法**】蒸

【制作过程】

1.将猪肉切成米粒大小,加盐、味精、料酒调味,做成肉饼子。

2.将肉饼子放在盘中,旁边放入鸽子蛋,中间放入毛豆子。

3.上蒸笼蒸熟即可。

【风味特点】

肉香,鲜美。

【知识链接】

剁肉馅的窍门:

1.先把肉块用水冲干净,然后把水沥干,再切成小肉块,然后开始用刀剁。

2.一个方向剁一会,改成另一个方向剁,同时也可以换手交替着剁,还可以双手一起剁,会更快些。

3.剁肉时,每次抬刀的距离不要过高,最好让刀每次抬至刚离开肉馅就行,这样比较省力。

4.剁一会儿,如果感觉刀有点钝,可在刀的两面上放一点水,然后再继续剁。

5.剁一会儿,要用刀将肉馅从四边向上翻一翻,然后再从中间向两边剁或从一边到另一边剁。

33.咸肉蒸花椒鱼唇

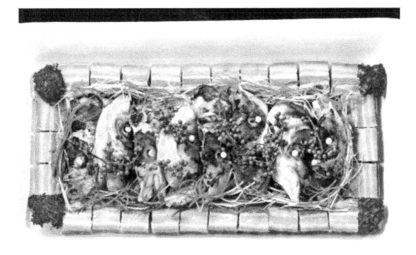

【**菜肴**】咸肉蒸花椒鱼唇

【**主料**】鱼唇

【**配料**】咸肉、红椒丝、葱姜丝、西兰花

【**调料**】青花椒、盐、酒等各少量

【**烹调技法**】蒸

【制作过程】

1.咸肉切片,洗净备用。

2.鱼头用刀劈成两片,加花椒、盐、葱、姜、酒腌制 1h。

3.将鱼头摆入盘中,咸肉片排放在鱼头上,放入高汤、盐、葱姜酒调味,旺火蒸 20min 后取出。

4.将咸肉摆放于鱼头周围,撒上青红椒丝、青花椒串,淋上响油即可。

【风味特点】

鲜香麻辣。

【知识链接】

鱼唇,是用鲨鱼或其他大型鱼的唇和皮加工成的一种海味。是满汉全席中的海八珍之一,以鲟鱼、鳇鱼、大黄鱼以及一些鲨鱼的上唇部的皮或连带鼻、眼、腮部的皮干制而成,营养丰富,食用以红烧、黄焖为主。主要产于舟山群岛、渤海、青岛、福建等地。

34.东海膏蟹糊

【菜肴】东海膏蟹糊

【主料】东海膏蟹 400g

【调料】盐、姜、酒、糖、蒜、白醋、白酒、味精

【烹调技法】腌

【制作过程】

1.红膏蟹弃壳去鳃,洗净,沥干。

2.取出蟹膏,再将蟹改刀成小块,斩压成糊,把蟹膏、蟹糊拌和,加调料拌匀,放入冰箱冷藏室保鲜 24h 即成。

【风味特点】

鲜滑入味。

【知识链接】

膏蟹,即锯缘青蟹(学名:Scylla Serrata),属甲壳纲梭子蟹科(蝤蛑科)。喜穴居近岸浅海和河口处的泥沙底内,性凶猛,肉食性,主食鱼虾贝类。肉质鲜美,营养丰富,兼有滋补强身之功效。尤其是将要怀孕的雌蟹,体内会产生红色或者黄色的膏,这种在中国南方叫作"膏蟹",有"海上人参"之称。盛产于温暖的浅海中,主要分布在中国浙江、广东、广西、福建和台湾的沿海等地,江浙一带尤多。

35.八鲜过海

【菜肴】八鲜过海

【主料】鱼圆、肉圆、河蟹、基围虾、蒿菜

【配料】木耳、胡萝卜、鸡蛋、蘑菇、冬笋、蛤蜊壳

【调料】盐、鸡精、高汤等各少量

【烹调技法】蒸

【制作过程】

1.河蟹出肉,鸡蛋打散,加盐、料酒、清水,再加入蟹肉,倒入蟹壳中蒸熟,成芙蓉蟹斗。

2.蒿菜焯水至熟,加入盐、味精、麻油拌匀,装入蛤蜊壳中。

3.基围虾煮熟,去壳,去头尾。

4.蘑菇、冬笋、木耳、胡萝卜加盐、味精炒熟,于盘中打底。

5.按芙蓉蟹斗、鱼圆、肉圆、蒿菜、基围虾的顺序,将所有材料整齐摆盘,蒸 3min,再调清汤并勾薄芡成菜。

【知识链接】

八仙过海的典故:

八仙过海是一种流传最广的中国民间传说。八仙分别为汉钟离、张果老、韩湘子、铁拐李、吕洞宾、何仙姑、蓝采和及曹国舅。相传某天八仙兴高采烈地来到蓬莱阁上聚会饮酒。八仙每人准备一道菜,以当地的大虾、海参、扇贝、海蟹、红螺、真鲷等海珍品为主要原料,加工了 8 个拼盘、8 个热菜和 1 个热汤。拼盘各自用自己的宝物拼成图案,造型生动别致,盘盘都有神话典故,不仅味道鲜美,还可观赏助兴;热菜烹饪更为精致,呈现蓬莱多处名胜景观,巧夺天工;热汤以 8 种海鲜加鸡汤制成,味道鲜美奇特。酒至酣时,铁拐李意犹未尽,对众仙说:"都说蓬莱、方丈、瀛洲三神山景致秀丽,我等何不去游玩、观赏?"众仙激情四溢,齐声附和。吕洞宾说:"我等既为仙人,今番渡海不得乘舟,只凭个人道法,意下如何?"众仙听了,欣然赞同,一齐弃座动身而去。此菜"八鲜过海"即取意于此。

36.吉祥三宝

【菜肴】吉祥三宝

【主料】鸡肾、鳝段、牛筋

【调料】盐、姜、酒、蒜、西红柿、西兰花

【烹调技法】清炖

【制作过程】

鸡肾、鳝段焯水,牛筋洗净改刀,分别清炖熟透,摆盘

【风味特点】

鲜香味醇,具保健功效。

【知识链接】

鸡肾、鸡腰子、鸡肫三者之间的区别:

鸡肾、鸡腰子、鸡肫三者完全不同。

从外形上看,鸡肾:形状大小如板栗,色泽如猪肝。

鸡腰子:鸡腰子实为鸡睾丸。其形状如卵,略小于鸽蛋,色乳白,质细嫩,外有筋膜包裹。

鸡肫:里边有一层黄黄的鸡内金,杀鸡后,里边可见沙子和食物形成的糜状物。

37. 勒鲞烧鳜鱼

【菜肴】勒鲞烧鳜鱼

【主料】鳜鱼 1 条约 600g

【配料】勒鲞 1 条约 70g

【调料】酒、姜、葱、鸡精等各少量

【烹调技法】红烧

【制作过程】

1. 将鳜鱼杀好腌制。

2. 将勒鲞处理好。

3. 把腌制好的鳜鱼和勒鲞一起烧制。

4. 放入青红椒、大蒜即可。

【风味特点】

鲜香浓郁，可媲美臭鳜鱼。

【知识链接】

勒鲞，即勒鱼加工干制后成品。

勒鱼，又称鲫、鲞鱼、鲙鱼、白鳞鱼、克鲫鱼、火鳞鱼、快鱼、力鱼、白力鱼、曹白鱼。《随园食单》中就有虾子勒鲞的记载。为鲱科动物鲫鱼 Ilisha Elongata(Bennett)的肉。我国大陆沿海及台湾均有分布。中医认为勒鲞具有健脾开胃、养心安神之功效。常用于治疗脾虚泄泻、消化不良、噤口不食、心悸怔忡等症。

38.越府香芋煲

【菜肴】越府香芋煲

【主料】香芋 700g

【配料】五花肉 150g

【调料】酱油、糖、高汤等各少量

【烹调技法】烧

【制作过程】

1. 香芋切片。

2. 五花肉卤好切片。

3. 香芋片和五花肉片放一起烧制。

4. 加小葱、淋香油即可。

【风味特点】

酥糯绵软，入口即化。

【知识链接】

香芋：

此处指奉化芋艿头。它是奉化，也是宁波的传统名特优无公害农产品，形如球，外表棕黄，顶端粉红色，单个重 1kg 以上，个大皮薄，肉粉无筋，糯滑可口，既是蔬菜，又是粮食，"可烘蒸、生烤、热炒、白切、做糊、烧汤、煮冻。若烘蒸，其香扑鼻；若煮汤烧羹，双滑似银耳，糯如汤团"。不但食味佳，而且是一种营养丰富的保健食品。据测定，在新鲜的芋艿球茎中，水分占 82.25%、脂肪占 0.14%、蛋白质占 1.78%、粗纤维占 0.64%、灰分占 0.88%。奉化芋艿头中含有 18 种氨基酸，其中 11 种氨基酸的含量超过 0.5%，最高的天门冬氨酸含量达到 1.445%。奉化芋艿头特有的品质，使其享有"跑过三关六码头，要数奉化芋艿头"的美誉。1992 年在中国首届农业博览会上，奉化芋艿头被评为优良产品。1996 年，奉化被国务院发展研究中心命名为"中国芋艿头之乡"。而今，奉化芋艿头已成为宴请客人的必备佳肴，鸭子芋艿、鸡汁芋艿、葫芦芋艿、黄鱼夹心芋艿等名闻遐迩。

39.石锅黄牛肉

【菜肴】石锅黄牛肉

【主料】黄牛肉 500g

【配料】洋葱 100g、小米椒 10g、杭椒 20g

【调料】酱油、酒、糖、姜、蒜、葱少量

【烹调技法】焖

【制作过程】

1.先把黄牛肉切成 4cm 见方的块下锅焯水备用。

2.把香料煸香,加入黄牛肉、黄酒和适量的牛肉汤,烧开后文火炖至黄牛肉皮糯肉松,收干汤汁出锅装盘。

【风味特点】

香酥入味,软嫩可口。

【知识链接】

黄牛肉的饮食保健功效:

黄牛肉为牛科动物黄牛的肉。中医认为黄牛性温、味甘。入脾、胃经。黄牛肉属于温热性质的肉食,擅长补气,是气虚之人进行食养食疗的首选肉食,就好像气虚之人进行药疗常常首选黄芪那样,所以《韩氏医通》中说"黄牛肉补气,与绵黄芪同功"。

40. 小口烫豆腐

【菜肴】小口烫豆腐

【主料】内酯豆腐 1 盒

【配料】笋干 25g、鸡脯肉 25g、油渣 25g、菌菇 25g

【调料】盐、酒、高汤等各少量

【烹调技法】烩

【制作过程】

1.豆腐切成约 1cm 见方的小块,焯水。

2.将笋干、鸡脯肉、油渣、菌菇切小丁备用,笋干、鸡脯肉分别焯水。

3.锅中放入 80g 猪油烧热,把笋干、鸡脯肉、油渣、菌菇入锅煸香,加入高汤、盐、味精调味,下豆腐,小火炖约 10min。

4.起锅前淋薄芡,晃锅淋油,撒上葱花,装盘。

【风味特点】

口味咸鲜醇厚,香味四溢。

【知识链接】

烩:

烩是将已进行加工和初步熟处理的多种小型原料混合下锅,加入适量的汤和调料,用较短时间加热后,勾芡成菜的技法。烩菜的主要特色是汤宽汁稠、菜汁合一、细嫩滑润、清淡鲜香。

41. 家乡酿豆腐

【菜肴】家乡酿豆腐

【主料】长油豆腐（又称油豆腐、豆腐果儿）

【配料】咸菜、茭白、五花肉、香干、青菜心、葱丝、红椒丝、黄椒丝、芹菜

【调料】蚝油、高汤等各少量

【烹调技法】熘

【制作过程】

1.长油豆腐切一头,用小勺把中间挖空。

2.咸菜、茭白、五花肉、香干分别切成末。

3.锅中留底油,先下咸菜末煸香,再放入五花肉末,最后放入香干末及茭白末,加少许盐、味精、绍酒、生抽、高汤,炒制成馅备用。

4.将炒熟的馅料填入长油豆腐,用芹菜扎住口子。

5.将长油豆腐摆入盘中,上笼蒸 15min 左右至熟。

6.将蚝油、生抽、高汤、糖打成芡浇淋于豆腐上,再点缀以焯水后的青菜心、彩椒丝。

【风味特点】

咸鲜合一,蚝油味浓,造型独特。

【制作要点】

1.用勺子掏空豆腐时要注意不能把底戳穿。

2.炒制馅料时要注意下料顺序,调味不能过重,只能留一底味。

3.用蚝油调制芡汁时要注意蚝油用量,过多则味苦。

【知识链接】

酿:

酿又称为瓤,就是将原料制作成馅心,填入挖空的原料内形成生坯。外面的原料为皮料,里面的原料为馅料。皮料一般不太大,均为植物性原料,将里面的原料挖空后,开口处为开放式或有盖式均可;馅料可荤可素,可生可熟,均需加工成细小的形状,调味需在填入前调制好。烹调方法以蒸和软熘法为主。

42.芋头蒸咸肉

【菜肴】芋头蒸咸肉

【主料】咸肉

【配料】芋头

【调料】酒、姜等各少量

【烹调技法】蒸

【制作过程】

1.芋头切片,咸肉切片。

2.放在盘中,一片芋头、一片咸肉。

3.放入鸡精、料酒,蒸熟。

【风味特点】

咸鲜合一,色泽鲜艳,肥而不腻。

【知识链接】

芋头属天南星科多年生宿根性草本植物,常作为一年生作物栽培。芋头最早产于中国、马来西亚以及印度半岛等炎热潮湿的沼泽地带,在全球各地广为栽培。我国的芋头资源极为丰富,主要分布在珠江、长江及淮河流域。芋头是一种重要的蔬菜兼粮食作物,营养和药用价值高,是老少皆宜的营养品;而且芋头的淀粉颗粒小至马铃薯淀粉的1/10,其消化率可达98%以上,尤其适于婴儿和病人食用,因而有"皇帝贡品"的美称。芋头还可以用于制醋、酿酒、分离蛋白质、提取生物碱等。

43.油煎咸带鱼

【菜肴】油煎咸带鱼

【主料】后海雀嘴野生带鱼 1 条

【配料】小青柠

【调料】盐、味精、葱、姜等各少量

【烹调技法】煎

【制作过程】

1.将带鱼宰杀去除内脏,切成段。

2.将带鱼段用盐、味精、葱、姜腌制 5h。

3.将腌好的带鱼入平底锅煎至两面金黄。

【风味特点】

外酥里嫩,咸鲜合一。

【知识链接】

煎：

煎是将经过浆糊处理的扁平状原料平铺入锅,加少量油,用中小火加热,使原料表面呈金黄色而成菜的烹调方法。煎法成菜的质感与炸类似,但煎法用油量少,一般以不淹没原料为度,使用火力以中火为主,加热时间较长。

44.农家冻猪头肉

【菜肴】农家冻猪头肉

【主料】土猪头 1 个

【调料】虾油卤、虾油、姜等各少量

【烹调技法】凝冻

【制作过程】

1.猪头清洗干净,放入竹笼中蒸熟。

2.将蒸熟的猪头去骨,放入铁板中压成块。

3.把压成块的猪头肉放入调好的虾油卤中。

4.捞出装盘即可。

【风味特点】

咸鲜合一,虾油味浓。

【知识链接】

猪头肉:

猪头肉,是猪的头部的肉。其美味于民间早就声誉鹊起,据说淮扬菜系中的"扒烧整猪头"火工最讲究、历史最悠久,是道久负盛名的淮扬名菜。有着丰富的营养价值。具有食疗作用的猪头肉,性平,味甘咸,补虚,滋阴,养血,润燥。

45.蟹粉烩鱼圆

【菜肴】蟹粉烩鱼圆

【主料】草鱼1条

【配料】大闸蟹3只、青菜心

【调料】盐、葱、姜、绍酒、高汤、熟鸡油等各少量

【烹调技法】烩

【制作过程】

1. 草鱼宰杀剖洗净,从尾部沿背脊骨剖成两片,去掉鱼头,去除脊骨与肚裆,将鱼肉洗净;青菜心焯水过凉备用。

2. 在鱼尾部用钉将鱼固定在砧板上,用刀刮取鱼泥约250g,置新鲜肉皮上,将鱼泥排剁至起黏性。

3. 将鱼泥放入钵中,加水200mL解开,放精盐,顺同一方向搅拌至有黏性;再加水 200mL,搅拌至鱼泥起小泡时,静置 5—10min;再加水 100mL,继续搅拌均匀,加入味精、葱姜汁水搅匀待用。

4. 锅中舀入冷水,将鱼泥挤成直径约3cm 的鱼圆,入锅用中小火渐渐加热氽至成熟,一层层摆入有青菜心围边的盘中。

5. 大闸蟹蒸熟后剔蟹肉、蟹黄成蟹粉备用。

6. 锅中留底油,先放入姜米煸香后,下入蟹黄、蟹肉煸炒,再入高汤、盐,淋上熟鸡油,勾琉璃芡,浇淋于鱼圆上即可。

【风味特点】

口感滑嫩,咸鲜爽滑,鲜香合一。

【知识链接】

鱼圆的制作要点:

①鱼圆制作时要注意把握好加水的量;②鱼圆搅打时一定要打上劲;③把握好鱼圆中食盐的加入量;④氽制时要注意冷水下锅,挤好鱼圆后须开中火迅速升高水温,要注意在 60℃ 左右的时间要短,否则影响成品弹性;④氽制时要注意水不能沸腾,否则会使鱼圆失水、无弹性、口感粗糙;⑤成熟的鱼圆应放在清水中备用。

46.蟹粉咸冬瓜

【菜肴】蟹粉咸冬瓜

【主料】冬瓜 500g

【配料】蟹粉 25g

【调料】盐、酒等各少量

【烹调技法】蒸

【制作过程】

1.冬瓜切成 4cm 见方的大块,入沸水锅焯水后过凉备用。

2.起一锅,锅中加葱姜稍煸后下入蟹粉,炒香,淋少许料酒,加少许盐。

3.把冬瓜摆好,蟹粉码在冬瓜上。

4.上蒸笼旺火蒸制约 10min 即可。

【风味特点】

冬瓜软糯,蟹味鲜香。

【知识链接】

蟹粉,是蟹经过煮熟或蒸熟后剔出的蟹肉和蟹黄的统称。

蟹粉味道鲜美,适宜于多种烹饪用途。可蒸、炒、制馅或作为提味助鲜的原料。代表菜式如蟹粉狮子头、炒蟹粉、蟹黄包子等。日本沿海盛产海鲜,膏蟹是他们的家常食物,日本人认为,膏蟹是一种能助长生殖功能的食物,中国民间也有这种说法。不过,是否有这种功效是因人而异的,物极必反,多吃会导致其他疾病。

47. 顶汤虾子鸡

【菜肴】顶汤虾子鸡

【主料】鲜虾子、鸡蛋、猪肚、老母鸡

【配料】胡萝卜、银耳

【调料】盐、姜、高汤等各少量

【烹调技法】炖

【制作过程】

1.鲜虾子加盐、少许料酒,小火炒干。

2.鸡蛋打散,入锅煎成蛋皮,切成蛋丝备用。

3.猪肚洗净,入清汤煮熟,切丝。

4.老母鸡剁成鸡块,加少许葱姜炖成高汤。

5.取扣碗一只,依次排放蛋丝、猪肚丝、胡萝卜、鸡肉。

6.取鸡汤、银耳略煮,把汤倒入扣碗里,上笼蒸熟,出笼装盘,上撒虾子,点缀银耳成菜。

【风味特点】

色彩悦目,味鲜入口。

【知识链接】

顶汤:

顶汤又称顶级高汤,主要用于高档菜肴的制作,如鲍鱼、鱼翅、海参等。顶汤的原料一般有老母鸡、火腿、猪精肉、干贝等,制作方法基本与高汤一样,但烧制时间比高汤长,汤的浓度也比其他汤要浓厚。

48. 干菜小海鲜

【**菜肴**】干菜小海鲜

【**主料**】蛏子、香螺、花螺、富贵虾

【**配料**】上虞笋干菜

【**调料**】盐、酒、高汤、姜、葱等各少量

【**烹调技法**】煮

【制作过程】

1.将主料洗净放入高压锅中,加笋干菜、料酒、生姜、美味鲜、水适量,加盖开火。

2.待高压锅冒气,再煮 2min 关火,打开盖加少许味精,装盘即可。

【风味特点】

口感鲜美,营养丰富。

【知识链接】

小海鲜,是许多人都非常喜欢吃的一类美味。小海鲜,顾名思义就是用各种各样个头比较小的海鲜做成的海鲜类食品。这些小海鲜可以是贝类,比如牡蛎、蛤蜊、扇贝以及蛏子、螺蛳等,还可以是小的虾类蟹类,比如皮皮虾、小河虾、鱿鱼以及小河蟹等。这些小海鲜往往价格不是非常贵,但是肉质非常鲜嫩美味,也易于烹饪焖煮,在短时间内就可以入味,吃起来非常方便简单。

49.砂罐野菌鸡

【菜肴】砂罐野菌鸡

【主料】下管土鸡

【配料】黄芪、枸杞、牛肝菌、羊肚菌

【调料】盐、酒、姜、葱、蒜各少量,水 1500g

【烹调技法】炖

【制作过程】

1.整鸡洗净,剖开腹部,焯水待用。

2.把焯好水的鸡放入砂罐中,放入黄芪、枸杞、野菌。加少许绍兴黄酒,少许葱段、姜片,水加至八分满。

3.将砂罐放入炉火,中火烧开,文火炖2h即可。

4.拣去葱、姜,上桌。

【风味特点】

汤底清澈,营养丰富。

【知识链接】

黄芪:

中药材名。本品为豆科植物蒙古黄芪的根。春、秋季采挖,除去泥土、须根及根头,晒至六七成干,理直扎捆后晒干。功能主治:补气固表,解毒排脓,利尿,生肌。用于气虚乏力、久泻脱肛、自汗、水肿、子宫脱垂、慢性肾炎蛋白尿、糖尿病、疮口久不愈合。

50. 新派扣肉

【菜肴】新派扣肉

【主料】五花条肉 500g

【配料】干菜 50g、豆腐 300g、彩椒丝、葱丝

【调料】酱油、糖、水各少量

【烹调技法】蒸

【制作过程】

1.土猪肉 500g,冷水下锅煮约 1h,沥干后,抹上酱油,入六成热的油锅走油上色后捞出。

2.干菜蒸 1h 备用;五花条肉切成长 9cm、厚约 0.5cm 的长条形。

3.取扣碗 1 只,先将酱油抹在碗底,再将五花条肉整齐码入扣碗中,放入干菜、老酒、味精,上笼旺火蒸 1h。

4.豆腐切成长 15cm、宽 10cm、高 1cm 的厚片,叠在长盘上,上面放蒸好的扣肉及干菜,一块一块叠好再上笼蒸 5min,然后撒上葱花、彩椒丝即可。

【制作要点】

1.五花条肉在走油时要注意油温,不能炸焦,以色泽棕红为宜。

2.要注意五花肉的刀工成形,不宜过厚或过薄。

【风味特点】

咸中带香,肥而不腻,风味独特。

51. 白鲞扣鸡

【菜肴】白鲞扣鸡

【主料】白鲞半条、本地鸡 1 只

【调料】葱段 10g、花椒 5 粒、绍酒 25g、鸡汤 200g、熟鸡油 10g、

【烹调技法】蒸

【制作过程】

1.将鸡净膛,焯水后洗净,加水、葱段、姜片、绍酒大火烧开,小

火煮熟。

2.取出晾凉,改刀切成长方块,鸡翅膀切成 6 块,白鲞切成长 2cm、宽 1cm 的块(10 块),剩余部分切成小方块。

3.取扣碗一只,用花椒和葱段(5g)垫底,把鸡肉依次摆在碗的中间(鸡皮朝下),白鲞放在鸡肉的两侧,然后将鸡翅肉、剩下的鲞块放上,加入绍酒、鸡汤,上笼旺火蒸至白鲞肉熟透,出笼复扣在汤盘中,拣去葱段、花椒,放入味精、葱段(5g)和烧沸的原鸡汁汤(50g),淋上熟鸡油,即成。

【风味特点】

咸鲜合一,鲜香嫩滑。

【制作要点】

1.鸡和鲞在切制时要注意刀面整齐。

2.在加工时要注意两种原料之间的成熟度差异。

【知识链接】

白鲞扣鸡是浙江绍兴民间的地方传统佳肴,鲜美而咸香,肉质软滑,风味独特。白鲞是用大黄鱼加工制成的咸干品,味鲜美、肉结实,为名贵海产品,中医认为其味甘、性平,可开胃、消食、健脾、补虚。越鸡为绍兴历史贡品、名特产,鲜嫩肥美,中医认为其味甘、性温,可温中益气、补精添髓,白鲞与越鸡配伍,同蒸成肴,可谓锦上添花,其味更胜一筹,两物均具滋补之功,加之新鲜,咸鲜互补,两味掺合,鸡有鲞香,鲞有鸡鲜,咸鲜入味,香醇清口,富有回味,不愧为肴中之珍品、绍兴"咸鲜合一"风味的典型代表。

52.黄花菜扣鲍鱼

【菜肴】黄花菜扣鲍鱼

【主料】小鲍鱼 20 只

【配料】黄花菜 100g

【调料】油、细盐、酱油、料酒、葱花、姜、白糖若干

【烹调技法】蒸

【制作过程】

1.小鲍鱼洗净除去内脏入沸水锅煮熟。

2. 黄花菜泡开挤干水分。

3. 将小鲍鱼和黄花菜一起入锅，放入酱油、白糖、料酒、葱、姜，烧至八成熟。

4. 将烧好的鲍鱼扣入碗中上笼蒸 5min 即可。

【风味特点】

汁浓味厚、鲜香酥嫩。

【知识链接】

黄花菜：

黄花菜又名金针菜、柠檬萱草、忘忧草，越中书生谓之疗愁。嵇康《养生论》云："萱草忘忧。"（出自《述异记》）人们用来佐膳的黄花菜，学名为萱草。已栽种了两千多年，是我国特有的土产。据《诗经》记载，古代有位妇人因丈夫远征，遂在家居北堂栽种萱草，借以解愁忘忧，从此世人称之为"忘忧草"。黄花菜性味甘凉，有止血、消炎、清热、利湿、消食、明目、安神等功效，对吐血、大便带血、小便不通、失眠、乳汁不下等有疗效，可作为病后或产后的调补品。

53.包心菜卷

【菜肴】包心菜卷

【主料】包心菜、肉末

【配料】香菇、胡萝卜、鞭笋、咸菜

【调料】盐、酒、鸡精各少量

【烹调技法】蒸

【制作过程】

1.包心菜去茎取叶片,锅中放入清水并加少量色拉油煮开,把取好的蓝包叶片放入烧开的锅中,煮一下捞起放入冰水中迅速过凉。

2.取刀把香菇、胡萝卜、鞭笋切好放入盘中待用。

3.取包心菜叶片包入馅心卷起,改刀切成长约 3cm 的段,上笼蒸制 8min 即可放入盘中。

【风味特点】

鲜咸美味。

【知识链接】

包心菜,又名卷心菜、甘蓝等。中国各地栽培,用作蔬菜及饲料。叶的浓汁用于治疗胃及十二指肠溃疡。是中国重要蔬菜之一。除芥蓝原产中国外,甘蓝的各个变种都起源于地中海至北海沿岸。早在 4000—4500 年前古罗马和古希腊人就有所栽培,中国东北地区俗称"大头菜",云南俗称"莲花白"。

54. 农家皮卷

【菜肴】农家皮卷

【主料】豆腐皮

【配料】肉末、黑木耳、京葱、胡萝卜

【调料】酱油、高汤各少量

【烹调技法】烧

【制作过程】

1.先自制豆腐皮,用本地土猪肉(五花肉)剁肉末。

2.将肉末卷入豆腐皮蒸 5min,冷却后切成 5cm 段。

3.将京葱、胡萝卜、黑木耳等小料放入鸡汤,再加入豆腐皮卷烧煮 3min 即可装盘。

【风味特点】

香气扑鼻,味道鲜美,老少皆宜,是本地农家主打菜肴。

【知识链接】

豆腐皮是中国传统豆制品,是用豆类做的一种食品。在中国南方和北方地区有多种名菜。

各地对豆腐皮的叫法不甚一致,有如下两种:

一是在豆浆煮沸之前将其表面形成的天然油膜"挑"起来晾干制成的豆腐皮,也叫"油皮""腐竹""豆腐衣""豆笋"。

二是压制成的豆腐皮(千张、干豆腐),与豆腐干近似,但较薄(相比油皮则明显较厚,可以看成超薄的豆腐干)、稍干,有时还要加盐,口味与豆腐有区别,本条目为了辨义将用"千张"标注。

二者虽都叫"豆腐皮",但形状、成分、口味、菜肴做法均有较大差别。但举一例,上海人吃素鸡和素鸭,素鸡就是千张卷成的,而素鸭则是油皮卷成的。

55. 富贵炖鸭

【菜肴】富贵炖鸭

【主料】老鸭 1 只

【调料】酱油、糖、茴香、桂皮、葱、酒、姜各少量

【烹调技法】炖

【制作过程】

1.将老鸭杀净沥水，开启油锅烧至七成炸至金黄。

2.选用本地女儿红酒加高汤、酱油、白糖、茴香、桂皮、小葱,放入老鸭,小火炖 3h,然后收汁装盘即可。

【风味特点】

肉质松香,营养丰富,是本地传统菜。

【知识链接】

如何鉴别鸭肉的新鲜度?

根据鸭肉外观及气味可将其分为新鲜、次鲜和变质三个等级。新鲜鸭肉,眼球饱满,充满整个眼窝,角膜有光泽;嘴部有光泽,干燥,有弹性,无异味;皮肤有光泽,因品种不同而呈淡黄、淡白色;肌肉切面发光,外表微干或微湿润,不黏手,手指压后凹陷立即恢复,具有鲜鸭肉正常气味。次鲜鸭肉,眼球部分下陷,晶体稍浑浊,眼膜无光泽;皮肤色泽转暗,呈淡灰或淡黄;肌肉切面有光泽,外表干燥黏手,手指压后凹陷恢复慢,且不能完全恢复;无其他异味,腹胸腔内有轻度不快味或酸味。变质鸭肉,眼球干缩凹陷,晶体浑浊,角膜暗淡;嘴部有黏液;体表无光泽,头颈部常带暗褐色;外表干燥或黏手,新切面发黏;手指压后凹陷不能恢复,留有明显痕迹;体表及腹腔均有臭味。

56.虞城双味

【菜肴】虞城双味

【主料】苋菜梗、油豆腐

【配料】荠菜

【调料】鸡精、菜油各少量

【烹调技法】蒸

【制作过程】

1.选用本地苋菜梗洗净切段腌制成霉苋菜梗。

2.将苋菜梗与油豆腐泡数小时。

3.将苋菜梗与油豆腐装入器皿淋上菜油,上笼蒸半小时装盘即可。

【风味特点】

此菜历史悠久,是本地传统菜。

【知识链接】

油豆腐:

油豆腐是一种特色食材。在北方称之为豆腐泡,在南方称之为油豆腐,也有些人称之为豆炸、豆腐果儿。作为豆腐的炸制食品,其色泽金黄,内如丝肉,细致绵空,富有弹性。系经磨浆、压坯、油炸等多道工序制作而成。油豆腐既可作为蒸、炒、炖之主菜,又可作为各种肉食的配料,是荤宴素席兼用的佳品。油豆腐富含优质蛋白、多种氨基酸、不饱和脂肪酸及磷脂等,铁、钙的含量也很高。

57. 霉豆豉蒸鲜蛏

【菜肴】霉豆豉蒸鲜蛏

【主料】大蛏子 300g

【调料】霉豆豉 50g、生姜 10g、大蒜 10g、葱 5g

【烹调技法】蒸

【制作过程】

1.大蛏子洗净剖腹平放于壳内。

2.码上霉豆豉、葱丝等调料上笼蒸 4min,撒上葱丝即可。

【风味特点】

酒香浓郁,霉鲜突出,富有浓郁的绍兴地方风味。

【制作要点】

1.蛏子要选择鲜活的,蒸出来鲜味足。

2.蒸制时间控制在 5min 内,时间过长会使原料质老。

【知识链接】

豆豉,古代称为"幽菽",也叫"嗜"。最早的记载见于汉代刘熙《释名·释饮食》一书中,誉豆豉为"五味调和,需之而成"。公元 2—5 世纪的《食经》一书中还有"作豉法"的记载。古人不但把豆豉用于调味,而且用于入药,对它极为看重。《汉书》《史记》《齐民要术》《本草纲目》等书中,对此都有记载,其制作历史可以追溯到先秦时期。

据记载,豆豉的生产,最早是由江西泰和县流传开来的,后经不断发展和提高传到海外。日本人曾经称豆豉为"纳豉",后来专指日本发明的糖纳豆。东南亚各国也普遍食用豆豉,欧美则不太流行。

58.雀咀梅鱼

【菜肴】雀咀梅鱼

【主料】梅童鱼 400g

【辅料】虾子酱 20g

【调料】料酒 10g、味精 2g、葱姜丝 15g、冬笋片、盐

【烹调技法】蒸

【制作过程】

1.将梅童鱼洗净摆盘中,放盐、料酒、味精,上撒虾子酱,摆冬

笋片。

2.上笼旺火蒸至梅童鱼断生,撒上葱姜丝即成。

【风味特点】

肉嫩刺软,呈蒜瓣状,味极鲜美。此菜被评为浙江名菜。

【知识链接】

梅童鱼为我国近海小型经济鱼类之一,主要分布在渤海、黄海和东海,而东海产量最大。每年的4—6月份和9—10月份为渔汛旺季。梅重鱼肉嫩刺软,肉味鲜美,食用方法除红烧、干炸外,还可加工成鱼糜,制作鱼肉馅或鱼丸子等,也可冰鲜成冷冻小包装。

59. 白马湖白条

【菜肴】白马湖白条

【主料】白条鱼 400g

【配料】咸肉 100g、青红椒 50g

【调料】盐 2g、味精 2g、料酒 5g、酒糟汁 10g、葱

【烹调技法】蒸

【制作过程】

1.白条洗净切成大片,咸肉用热水浸泡 5min,洗净切片。

2.将咸肉夹在白条大片中间,上蒸笼一起蒸制,蒸熟即可。

【风味特点】

鱼肉细滑,咸肉味美。

【制作要点】

1.白条鱼蒸制时要注意蒸制时间不宜过久。

2.鱼在切片时要注意片不宜太薄,否则影响口感和成形。

【知识链接】

白条鱼:

白条鱼一般是从小河沟钓到的,还算是野生鱼。白条鱼肉质鲜嫩,但细刺很多,而且个头也不大,所以用得最多的烹调方法就是炸,而且要炸酥脆,连鱼刺也是酥脆的,这样吃不会被卡着且鱼刺(鱼骨)还可以补钙。细嚼慢咽,椒香、酥脆,越吃越香,无论当小吃或下酒,都特别美味!

白条鱼含蛋白质和钾、钠、钙、磷等矿物元素,还含有叶酸、维生素 B_2、维生素 B_{12} 等,有滋补健胃、利水消肿、通乳、清热解毒、止咳下气、预防骨质疏松的功效。

60.清蒸鲚鱼

【菜肴】清蒸鲚鱼

【主料】鲚鱼 400g

【调料】葱 10g、盐 2g、味精 2g、生抽 5g、料酒 8g、姜 10g

【烹调技法】蒸

【制作过程】

鲚鱼洗净后放入盘中，加入姜丝、生抽、料酒，上蒸笼蒸 5—

8min 即可。

【风味特点】

肉质鲜嫩,口味鲜美。

【制作要点】

1.鲚鱼因体形较小,故蒸制时要注意火候,不可过火。

2.鲚鱼在蒸制的过程中要注意控制时间,以蒸 5—8min 为宜。

【知识链接】

鲚鱼又名子鲚、凤尾鱼、彩虹鱼、百万鱼、刀鱼、凤鲚、烤仔鱼、豆仔鱼。梅鲚生长在浮游生物丰富的开阔水域。梅鲚鱼虽体形较小,但力道很足,游速很快,渔民要用七道篷的大船拖网追捕。故渔民有"梅鲚头上七道篷"之说。如果再追不及,则在篷与篷间再加风袋,增加船速,超过鱼速,达到追捕目的。一对渔船,昼夜捕捉,多时能捕鱼一两吨,收入可观。梅鲚鱼不仅细嫩鲜美,而且营养丰富,含有人体所需要的各种元素,被视为席上珍品。梅鲚大部分晒成梅鲚干或制成罐头食品,远销海内外。

唐代诗人孟诜曾题诗:"蛴鱼肉发疥,不可多食。"《食鉴本草》记载:"鲚鱼肉助火动痰。"《食物本草》记载:"有湿病疮疥勿食。"《随息居饮食谱》记载:"多食发疮、助火。"《万历野获编》记载:"从明朝洪武年起,太祖命每年岁贡梅鲚万斤。"故梅鲚又称"贡鱼"。

61.河蟹炒年糕

【菜肴】河蟹炒年糕

【主料】河蟹 3 只

【辅料】梁湖年糕 200g、葱 15g、姜 15g

【调料】料酒 10g、生抽 8g、糖 8g、鸡精 3g

【烹调技法】炒

【制作过程】

1.河蟹洗净斩块,拍粉。

2.起油锅,加热,先将拍好粉的河蟹在油锅中炸至金黄色。

3.锅内留底油,放入姜、葱,然后倒入河蟹进行煸炒,放入调味品、少量水煸炒,放入年糕再翻炒均匀,最后放入鸡精、勾芡淋油即可出锅装盘。

【风味特点】

鲜香肉嫩,是一道下酒好菜。

【制作要点】

螃蟹拍粉时要注意拍粉均匀,尤其是中间蟹膏的部分。

【知识链接】

梁湖年糕:

梁湖水磨年糕产于上虞区梁湖,是上虞区的传统特产。生产历史悠久,曾是献给慈禧太后的贡品。清朝光绪年间,梁湖人在绍兴开店卖年糕,那时的年糕是燥粉加水手捏而成,易开裂,味道也不好,因而生意不很兴旺。梁湖有个农民叫陈培基,他见豆腐店里的豆腐又白又细又嫩,模仿豆腐制作方法,把米用水浸透,然后水磨,做成水磨年糕。他在绍兴解放路挂出"梁湖陈协卿上白水磨年糕店"的牌子,顾客盈门,水磨年糕从此出名。

梁湖年糕以光滑、细嫩、柔软、可口而闻名,曾远销香港、上海、杭州、宁波等地。自水磨年糕流传于世后,仿制者甚多。梁湖年糕之所以质量特优,是因为梁湖年糕有独特的制作方法:一是采用水质清亮的皂李湖、洪山湖水,渗水恰当,每千克米,只能制作1.3—1.4kg年糕;二是选用优质的白粳米——群众称"泥鳅粳米"作为原料;三是采用绍兴罗山石磨或小钢磨等工具磨粉,确保糕粉的细度;四是掌握制作季节,一般在立冬至立春期间,气温适宜,原料充足时投料加工销售。

62.女儿红倒笃横格蟹

【菜肴】女儿红倒笃横格蟹

【主料】横格蟹 500g

【辅料】鸡蛋 50g

【调料】盐 3g、葱 5g、姜 5g、女儿红酒 15g、肉末

【烹调技法】蒸

【制作过程】

1.横格蟹杀死后去鳃,洗净,对半一切二。

2.肉末、鸡蛋打匀,放入各客盘中,放入盐、葱、姜、女儿红酒,再放入半只蟹,上笼蒸 15—20min 即可。

【风味特点】

色泽红亮,肉质鲜,营养丰富,是下酒好菜。

【制作要点】

1.横格蟹要选用活蟹。

2.蒸制时注意掌握好火候,鸡蛋、肉末宜采用小火蒸熟。

【知识链接】

横格蟹素来有"斗虎英雄"之称。醉里"斗虎"香飘数里。相传当年戚继光将军在上虞沥海前线抗倭,捉到一只横格蟹后,在蟹壳中灌入女儿红黄酒,用泥巴糊成一个泥团,放到火中烧烤,其香味远飘数里之外。

63.娥江荷香鳗

【菜肴】娥江荷香鳗

【主料】河鳗 500g

【辅料】荷叶 1 张

【调料】葱 5g、姜 5g、盐 3g、料酒 8g、醋

【烹调技法】蒸

【制作过程】

1. 先将河鳗宰杀,去腮、内脏,洗净备用。

2. 锅内加水,加入料酒、盐、醋等焯烫以去除体表黏液。

3. 用刀剁成宽约 3—4cm 的段,加入少许盐、料酒腌制。

4. 加入葱、姜,用荷叶包住鳗鱼,入笼蒸制 15min 即可。

【风味特点】

荷香鳗鲜,肉质细腻,营养丰富。

【制作要点】

1. 将鳗鱼焯水时要注意沸水下锅,同时要加入盐去除黏液,加入醋、料酒去除腥膻味道。

2. 干荷叶在加工前可以先用水泡一泡,再进行包裹和修剪。

【知识链接】

河鳗为鳗鲡科动物,鳗鲡的肉或全体。河鳗属鱼类,为辐鳍鱼纲鳗鲡目鳗鲡亚目鳗鲡科中的一种鱼类。似蛇,但无鳞,一般产于咸淡水交界海域。

鳗鱼富含多种营养成分,具有补虚养血、祛湿、抗结核等功效,是久病、虚弱、贫血、肺结核等病人的良好营养品;鳗鲡体内含有一种很稀有的西河洛克蛋白,具有良好的强精壮肾的功效,是年轻夫妇、中老年人的保健食品。

64.吊烧浓汤甲鱼

【菜肴】吊烧浓汤甲鱼

【主料】甲鱼1只约600g

【调料】葱5g、姜5g、料酒8g、盐3g、味精3g

【烹调技法】烧

【制作过程】

1. 先将甲鱼宰杀洗净,去除油脂,剁成小块。

2. 锅内烧热后,放入葱、姜,煸香后放入甲鱼煸炒,加入水、料酒大火烧开,小火烧制 30min,至汤色浓白,最后加入盐、味精调味即可。

【风味特点】

汤鲜味美,汁醇味厚,色泽棕红。

【制作要点】

1. 甲鱼在宰杀时要注意去除黄油,去除四肢脚爪的外膜。

2. 甲鱼在煸烧时要注意煸透烧透。

【知识链接】

甲鱼是鳖的俗称,也叫团鱼、水鱼、是卵生两栖爬行动物,是龟鳖目鳖科软壳水生龟的统称。共有 20 多种。甲鱼不仅是餐桌上的美味佳肴、上等筵席的优质材料,还可作为中药材料入药。其具有诸多滋补药用功效,能清热养阴、平肝熄风、软坚散结,对治疗肝硬化、肝脾肿大、小儿惊痫等有一定作用。

甲鱼是一种珍贵的经济动物,不仅肉味鲜美,营养丰富,蛋白质含量高,被视为名贵的滋补品,而且全身各部分均可入药,具有滋阴清热,平肝益气和破结软坚与消淤等功效。据民间传说,鳖血还能治疗贫血病、肺病、心脏病、气喘、神经衰弱等。

65. 溪沟鱼三鲜

【菜肴】溪沟鱼三鲜

【主料】河虾 300g、溪沟鱼 300g、螺蛳 200g

【调料】葱姜丝 10g、料酒 5g、鲜汤 50g

【烹调技法】蒸

【制作过程】

1. 将溪沟鱼宰杀洗净后整齐地码入盘中,河虾焯烫后摆在溪沟鱼之上,最后在中间放上螺蛳,加入鲜汤、料酒。

2.将溪沟鱼三鲜放入蒸箱蒸制约 15min 至熟即可。

【风味特点】

清鲜味美,原汁原味,造型美观大气。

【制作要点】

1.将溪沟鱼码制时要注意整齐排列、均匀摆放。

2.蒸制时要注意火候,注意每种原料成熟度的差异。

【知识链接】

溪沟鱼通常指本来就生活在山区溪沟中的鱼类,具有体形小、杂食性、适应性强的特点,生活环境要求水质清洁、溶氧量高。

66.酱油蒸鲥鱼

【**菜肴**】酱油蒸鲥鱼

【**主料**】鲥鱼 1 条约 800g

【**调料**】自制酱油 20g、葱 5g、姜 5g、料酒 8g、明油 5g

【**烹调技法**】蒸

【**制作过程**】

1.将鲥鱼宰杀后去腮净膛。

2.将鲥鱼用自制酱油稍稍腌制,而后放入盘中,加入少许葱、姜、料酒、明油、自制酱油，上笼蒸制 15min 至熟，取出，放上葱、姜丝点缀即可。

【风味特点】

肉香鱼鲜，咸鲜合一，有浓浓的农家土菜气息。

【制作要点】

1. 鲥鱼的鳞片含有较高的脂肪，味道鲜美，加工时不可去除。

2. 蒸时按鱼的大小，用大火蒸 10—15min。

【知识链接】

鲥鱼是江浙地区传统名菜，属于浙菜系，鱼身银白，肥嫩鲜美，爽口而不腻。食时，若再蘸以镇江香醋和姜末，更是别有风味。此菜为江南三味之一。鲥鱼的脂肪含量很高，它富含不饱和脂肪酸，具有降低胆固醇的作用，对防止血管硬化、高血压和冠心病等大有益处。鲥鱼肉味甘、性平，有强壮滋补、温中益气、暖中补虚、开胃醒脾、清热解毒的功效。

在封建社会里，鲥鱼是敬奉皇帝的"御膳"珍馐。清朝康熙皇帝，就曾下令从扬子江"飞递时鲜，以供上御"。鲥鱼有三个特性。一是"憨"，二是"猛"，三是"娇"。捕捉鲥鱼时，把丝网挂在江水之中，鲥鱼一触到网，就头顶渔网，不再后退，一动不动，束手就擒。大概它十分爱惜鱼鳞，怕鱼鳞擦掉，所以苏东坡又称它为"惜鳞鱼"；鲥鱼性情猛勇暴躁，而且鱼鳞锋快，游击迅速，其他鱼类碰到它，就会被它腹下的菱形鳞划破，所以鲥鱼又称"混江龙"；鲥鱼娇嫩，离水即死，而且只要一变质，就是一啄糟，故又名"糟鲥鱼"。

67. 东山指石蓝鳊

【菜肴】东山指石蓝鳊

【主料】鳊鱼 1 条约 450g

【调料】生抽 10g,老抽 3g,盐 3g,糖 15g,葱、姜、蒜各 5g,料酒 8g

【烹调技法】烧

【制作过程】

1.将鳊鱼宰杀,去腮,净膛。

2.剞上一字刀纹,用盐、葱、姜、酒水稍稍腌制。

3.把锅烧热,加葱、姜、蒜煸香,下入鳊鱼稍煎。

4.加入鲜汤和酱油、盐、糖、料酒等调料,大火烧开小火烧制,至入味后旺火收汁,出锅装盘。

5.最后撒上葱姜丝点缀,浇响油即可。

【风味特点】

色泽红亮,酱香浓郁,鲜香味美,风味独特。

【制作要点】

1.鳊鱼在煎制时要注意煎透。

2.在烧制过程中要注意控制火候,防止因火力过大致使鳊鱼肉散碎。

【知识链接】

鳊鱼是中国特有鱼类。主要分布于长江中、下游附属中型湖泊。鳊鱼体侧扁而高,全体呈菱形,体长约50cm。体背部青灰色,两侧银灰色,腹部银白色,体侧鳞片基部灰白色、边缘灰黑色,形成灰白相间的条纹。头较小。

"米酒汤圆宵夜好,鳊鱼肥美菜苔香。"东山指石蓝鳊,全身微蓝,被称为曹娥江里的"蓝宝石",与众不同。相传东晋谢安在上浦镇境内东山隐居时,吃到从曹娥江里抓上来的蓝鳊鱼,不禁大赞:"蓝鳊味胜松江鲻鲈!"

68.红焖羊肉

【菜肴】红焖羊肉

【主料】羊肉 400g

【配料】大葱 50g

【调料】生抽 15g、老抽 5g、酒 10、姜 10、糖 30g

【烹调技法】焖

【制作过程】

1.把羊肉切成 4cm 见方的块,用清水冲洗半小时,去尽血水。

2.将羊肉放入秘制调料,大火烹半个小时后改小火焖 2h,出锅装盘。

【风味特点】

味道鲜香,肥而不腻,有营养。

【制作要点】

1.羊肉在下锅前要注意先将大葱煸香,以去除羊膻味。

2.羊肉在烧制时要以小火焖制为主,火不能开大,至酥烂方可出锅。

【知识链接】

山羊又称夏羊、黑羊,是人类最早驯化的一种家畜。山羊的地域分布非常广泛,遍及全世界,凡是饲养家畜的地方,均有山羊分布,甚至在其他家畜难以生活的地区,山羊仍能照常生存和繁殖,从而成为各种家畜中地域分布最广的一种。

69. 干菜焗猪手

【**菜肴**】干菜焗猪手

【**主料**】猪蹄 500g

【**辅料**】霉干菜 60g

【**调料**】老抽、生抽、冰糖、盐、葱姜蒜、八角 2 个、干辣椒 6 个

【**烹调技法**】焗

【制作过程】

1.霉干菜用冷水浸泡 15min,冲洗干净,泡霉干菜的水留着上面清澈的备用。

2.猪蹄剁成小块,凉水下锅,焯出血沫后捞出,高压锅加开水,放入猪蹄、葱姜蒜、八角、干辣椒,盖上盖子,大火煮上汽后转小火继续炖 15min。

3.把煮好的猪蹄捞出放入炒锅炒干水分,倒点油,待翻炒到表面有少许焦黄后,加入葱、姜、蒜末爆香。

4.放入冰糖、生抽、老抽炒出糖色,加入泡好的霉干菜翻炒出香味。再倒入泡霉干菜的水,加 1 小勺盐调味,煮开后大火收汁即可。

【风味特点】

猪手软烂,肥而不腻,霉干菜香味扑鼻。

【制作要点】

1.猪蹄在烧制时要注意火候,要煮至酥烂入味后方可加入霉干菜。

2.霉干菜在入锅前必须经过充分的浸泡。

【知识链接】

焗是一种烹调方法,是以汤汁与蒸汽或盐或热的气体为导热媒介,将经腌制的物料或半成品加热至熟而成菜的烹调方法。焗制菜肴具有原汁原味、浓香厚味等特点。

70.干菜仔排皇

【菜肴】干菜仔排皇

【主料】土猪排骨 500g

【辅料】干菜 100g

【调料】黄酒 10g、白糖 20g、酱油 10g、排骨酱 15g、葱、姜、桂皮、八角、白芷

【烹调技法】烧

【制作过程】

1.选用优质长塘笋干菜放菜籽油、白糖,隔水蒸 2h。

2.取新鲜上虞放养土猪仔排斩成 10cm 一段大小,入油锅炸至金黄捞出。

3.锅放少许清油,下葱、姜片、桂皮、八角、白芷炒香,放入高汤、黄酒、白糖、酱油、排骨酱调好色味,放入排骨卤制 40min。

4.待仔排酥烂入味后,挑出香料,放入蒸好的干菜,收汁装盘即可。

【风味特点】

色泽红亮,鲜香入味,营养丰富,本土特色浓郁。

【制作要点】

1.仔排在炸制时要注意火候,炸至表面金黄即可。

2.干菜在蒸制前要用水充分泡软。

【知识链接】

仔排就是小排骨,即胸肋骨,包括猪、牛、羊等动物的胸肋骨的总称。仔排的做法多种多样,各地的风味造就了仔排不一样的吃法。

71. 覆卮山笋烧肉

【菜肴】覆卮山笋烧肉

【主料】覆卮山农家五花肉 300g

【辅料】春笋 200g

【调料】酱油 10g、白糖 25g、料酒 10g、食用盐 2g、味精 5g、葱姜适量、八角 1 粒

【烹调技法】烧

【制作过程】

1.五花肉切块,葱姜切片。

2.春笋切滚刀块,水中加入适量盐,沸腾后加入春笋,再次沸腾后煮 5min;放入凉水中浸泡 10min,有效去除草酸和涩味儿。

3.锅中入油,下入五花肉,小火慢慢煸炒至两面金黄并吐出大量油脂;下入笋块儿,煸炒至表面金黄;加入料酒,转大火,煸炒出香味;加入红烧酱油,煸炒均匀;加入适量热水,没过材料即可;加入白糖、八角,大火煮开后,转小火加盖慢炖至肉酥烂。

4.急火收汁至汤汁浓稠,关火后滴入几滴香油。

【风味特点】

肉烂鲜香,笋脆清口,肥而不腻,咸鲜微甜。

【制作要点】

1.笋在与肉同烧之前要先进行焯水,去除涩味。

2.红烧肉在加工时要注意火候,烧制时间不宜太短。

【知识链接】

古人云:"无肉使人瘦,无竹使人俗;要想不俗也不瘦,餐餐笋烧肉。"笋乃山珍,喜食者百吃不厌。覆卮山景区地处上虞、嵊州、余姚三市(区)交界地带的上虞区岭南乡,主峰海拔 861.3m,是上虞区最高峰。这里山清水秀、空气清新,已成为都市人回归自然、享受田园美景的"世外桃源"。覆卮山,因东晋山水诗人谢灵运"登此山饮酒赋诗,饮罢覆卮"而得名。覆卮山景区旅游资源类型丰富,以冰川石浪、千年梯田、百年古村、上虞第一高峰、"四季仙果"之旅樱桃基地等优质旅游资源最为突出。

72.笋干菜扣肉

【菜肴】笋干菜扣肉

【主料】五花肉 1000g

【辅料】霉干菜 200g

【调料】食用油、料酒、酱油、糖、味精、葱姜蒜适量、八角 1 粒

【烹调技法】蒸

【制作过程】

1.五花肉刮洗干净,放入锅中,加凉水,开盖煮至水开,再煮

3min,出尽血沫,捞出,清水洗净。

2.将锅洗净,重新加水、肉、葱、姜,煮至八成熟(30min左右)。

3.以老抽涂匀煮熟的肉皮。炒锅烧热,加油,转小火,放入肉块,肉皮冲下,盖上锅盖,中火煎制2min左右,至肉皮爆起后,取出,沥油,晾凉。用炒锅内的余油炒香葱姜和八角。

4.将肉块切成0.5mm左右的片,皮冲下,整齐地码入蒸碗中。

5.将泡好洗净的笋干菜放入锅中,炒匀后,加两勺生抽、两勺糖,继续炒匀,炒2min左右,加入一碗煮肉的汤,继续炒至汤汁微干,加少量味精炒匀。

6.将炒好的笋干菜放入蒸碗,盖在肉的上面,压实,覆上保鲜膜,上锅蒸2h。取出,将肉扣在盘中,倒出原汁,入炒锅烧沸,加水淀粉勾芡,淋在肉上即可。

【风味特点】

香酥软绵,肥而不腻。

【制作要点】

1.五花肉在炸制前要沥干水分,入锅炸至表皮起皱即可出锅。

2.干菜在放入扣碗前要先用水充分泡开,切成小段方可进行垫底。

【知识链接】

笋干菜扣肉是江南有名的一道民间家常菜,也是伟人鲁迅和周恩来的至爱。选用绍兴的优质乌干菜,配以农家瘦猪肉,按苏东坡"慢著火、少著水""柴头罨烟焰不起"的方法烧制的干菜扣肉,香味醇厚,别具风味。

绍兴民间独特的名菜——乌干菜(又名霉干菜)是有名的"绍兴三乌"之一,不仅吃起来香味醇厚,还具解暑热、清脏腑、消积食、治咳嗽、生津开胃之功效。

73. 霉千张蒸千刀肉

【**菜肴**】霉千张蒸千刀肉

【**主料**】猪肉 300g

【**辅料**】霉千张 100g

【**调料**】盐 3g、鸡精 3g、绍酒少量

【**烹调技法**】蒸

【制作过程】

1. 将猪肉切成米粒大小,加盐、鸡精、料酒调味,做成肉饼子。霉千张切小块。

2. 将肉饼子放在盘中,上面铺上霉千张。

3. 上蒸笼蒸熟即可。

【风味特点】

肉质鲜嫩,口味鲜美。

【制作要点】

1. 猪肉在斩制时不可切得过碎或过细,以米粒大小为宜。

2. 猪肉末可以事先加盐、鸡精、料酒等进行腌制。

【知识链接】

霉千张是绍兴市上虞崧厦镇的著名特产,制作历史悠久,霉千张具有独特的风味,它以鲜洁、清香、素淡而闻名,是豆制品中的佳品。

"崧厦"霉千张的制作工艺流程是:挑选优质黄豆浸胀,用石磨磨成浆汁,再用文火把新鲜豆浆烧熟,用盐卤打花(而不是用石膏),打花后倒在一张事先铺好的土粗布上压干水分,做成薄、匀、燥的"千层衣",再把"千层衣"叠齐,切成长方形小条,下面垫上干净的籼稻稻草(切不可用粳、糯稻草和塑料薄膜),上面压一块豆板,把它放在较暖的地方,霉化后即可食用。"崧厦"霉千张经高温灭菌,保质期可达 120 天。霉千张吃法一般有两种:一种是油炸,炸焦后撒上细盐或胡椒、五香粉,即可食用;二是清蒸,切成小段,置于碗中,加入猪油、食盐、辣椒等,蒸热,即可食用。

74. 小越霸王牛头

【菜肴】小越霸王牛头

【主料】小越牛头半只

【调料】料酒 10g、椒盐 10g、香料 8g

【烹调技法】烧

【制作过程】

1.将牛头洗净后焯水。

2.放入锅中烧至八成熟,加入香料、调味品,先旺火烧开后用小火焖熟。

3.冷却后改刀,配上椒盐。

【风味特点】

味鲜形美,牛气冲天。

【制作要点】

1.牛头在焖制时要注意掌握好火候。

2.食用时,把牛头肉切成薄片,配椒盐、辣椒粉、酱油等味碟。

【知识链接】

煮整个牛头的方法:

所需工具和调料:葱、姜、干辣椒、花椒、生抽、盐、斧子、不锈钢盘、尖刀。

步骤:

1.首先,把从菜市场买来的牛头,用斧子沿着中间劈成两半。

2.用清水浸泡,主要是把血水泡出来。

3.大锅里倒上清水。再把泡好了的牛头放进锅内。

4.待水烧开后,放入葱、姜、干辣椒、花椒,倒入适量生抽调味。再加上一勺子盐。调好味后,大火炖 1h。

5.1h 后,把炖好的牛头捞出来,放到不锈钢盘里。用尖刀把牛头肉剔下来即可。

75.红烧蹄髈

【菜肴】红烧蹄髈

【主料】猪蹄髈 1 只

【调料】生抽 20g、老抽 8g、葱 5g、姜 10g、料酒 20g、盐 3g、糖 40g、味精 5g、八角 2g、桂皮 2g、香叶 2g、花椒 2g、茴香 2g

【烹调技法】烧、焖

【制作过程】

1.蹄髈洗净焯水待用。

2.另一大锅内放入开水,煮开,放入姜、蒜、料酒、花椒、桂皮、八角、香叶、小茴香一起熬。

3.炒制糖色,将其倒入锅内,再放入待用的蹄髈。

4.用大火将锅烧开,喷入料酒及少许老抽,改为中小火焖煮1.5h,而后放入冰糖、食盐、生抽,进行调味,盖上锅盖,继续中小火焖炖1h即可。

【风味特点】

肉质酥烂,质地软糯,咸鲜回甜,口感独特。

【制作要点】

1.蹄髈烧制时要注意火候,如需缩短时间可用高压锅烧制。

2.要注意蹄髈的颜色,以棕红为宜,颜色不宜过深。

【知识链接】

蹄髈,是江南和西南地区的称呼,也是北方所说的肘子。将蹄髈放在水中,放入各种调料慢煮,鲜嫩可口。蹄髈分为前后蹄髈(前后肘),前蹄(前肘)肉多,后蹄(后肘)骨大,卖价稍有差别,以前蹄为好。

总体来说,前肘子要比后肘子口感更好。因为猪在平常活动的时候,主要依靠前肘用力,虽然四肢都在运动,但是后腿只是跟随着运动,用力较少。所以,前肘大多瘦肉较多,口感肥而不腻。肉常带皮烹制,如红烧肘子、红焖肘子等。

76.绝味三臭

【菜肴】绝味三臭

【主料】霉苋菜梗 150g

【辅料】毛豆 100g、青南瓜 200g、霉苋菜卤水 1000g

【调料】盐 3g、胡椒粉 2g、菜油 10g、葱、红椒

【烹调技法】蒸

【制作过程】

1.青南瓜切片,毛豆剪去头尾,一起放入霉苋菜卤水中浸腌一晚。

2.将青南瓜片在盘中摆一圈,中间放上腌好的毛豆和霉苋菜梗,再浇一些霉苋菜卤水,上笼蒸 10min。

3.盘中间放葱丝、红椒丝、胡椒粉,淋入热菜油即成。

【风味特点】

风味独特,臭中带鲜,鲜香味美。

【制作要点】

1.腌制青南瓜、毛豆时,霉苋菜卤水中可再放一些盐,充分腌制入味。

2.蒸制时要注意火候,不能过火。

【知识链接】

一坛霉苋菜梗捞完以后,剩下的便是那著名的霉苋菜卤水了。这种霉卤水千万不可倒掉,绍兴人认为将这种菜坛子重新洗干净是很不合算的做法。他们都会把这种装有霉菜卤水的坛子当成宝贝似的放置起来,许多农家的大门背后都贮有这么一个坛子,里面常年保存着这种菜卤水,隔年的菜卤名曰"老卤"。来年若还要做霉菜梗,老卤就起着相当于引子的作用,制作的霉菜梗味道会更好。这种卤水状如白乳,黏稠滑溜,有些厚度,闻之是一种不能言状的异香。要不是其间还残留些苋菜梗的枝须,没有见过的人还真猜想不出这种妙不可言的卤水是用什么制作而成的。传统的臭豆腐就是放在这种天然的霉苋菜卤水中浸渍出来的,臭豆腐的香味其实也是这种老卤的香味。用霉苋菜这种"卤"还可以渍出其他许多蔬菜来。若把优质毛豆做成的细嫩的豆腐干抛入坛中,不用一天,便可取出食用。在这种卤水中渍过的豆腐干已经非常酥软,极易粉碎,故取出时要格外小心。来年开春,各种新上市的瓜果蔬菜,只要你喜欢,都可将其投入坛内霉渍。早上投入,傍晚取出蒸之而食,如霉冬瓜、霉南瓜、霉丝瓜……这些都是绍兴农家春夏用餐时一道独特的风味菜。

77. 松花年糕

【菜肴】松花年糕

【主料】梁湖水磨年糕 300g

【辅料】松花粉 10g

【调料】白糖 20g

【烹调技法】蒸煮

【制作过程】

1.年糕切成段,下锅加水放白糖一起煮熟。

2.捞起沥干水分,滚上松花粉即可食用。

【风味特点】

糯,香,具有农家特色。

【制作要点】

1.松花粉在加入前要先进行过筛。

2.年糕在煮制时要注意火候,防止过烂或外熟里生。

【知识链接】

松花粉:

松花粉是马尾松、油松等松科植物的花粉(雄蕊中的生殖细胞),因富含天然营养成分且极具保健作用而备受青睐,尤其适于体弱多病、免疫力低下等人群服用。《神农本草经》《本草纲目》等书中皆有记载。松花粉可以直接食用,也可以加入食物中一同制作,也可做成松花酒,可以养血祛风、益气平肝,适用于风眩头晕、高血压等症。同时,松花粉可促进胃肠蠕动,增进食欲,帮助消化,对胃肠功能紊乱症有明显调节作用。松花粉还对心血管疾病、糖尿病、肝病、便秘等具有良好的辅助治疗作用。

78. 永和印糕

【菜肴】永和印糕

【主料】粳米粉

【辅料】赤豆、豆油

【调料】白糖

【烹调技法】蒸

【制作过程】

1. 制馅：将赤豆、白糖、豆油制成湿豆沙。

2. 制粉：将粳米粉放在竹匾上，加适量的水，搅拌成手一捏可以成团，手放开米粉会散开的程度。

3. 筛粉：把拌好的糕粉，用筛子筛到印糕框里。

4. 雕空：把印糕框里的糕粉刮平，在糕面上挖出 5cm 见方、3cm 深的凹坑 16 个。

5. 加馅：在每个凹坑放入湿豆沙 18g，16 个格子都加完后，轻轻摇匀。

6. 盖粉：用筛子轻洒一层薄薄的糕粉，以盖住馅子为止，再用工具刮平。

7. 加印：在印版模子里抹一层糕粉，再印在大糕上。印上去的时候，用小木槌"咚，咚，咚"地轻击板底，使糕面留下糕粉图案。

8. 切糕：用利刀把印糕按横、竖方向各四刀割开。

9. 上蒸：脱框，将生糕坯、模连同蒸垫放入笼屉，置旺火上足汽蒸约 10min 即成。

【风味特点】

软糯，松香，甜润。

【知识链接】

范仲淹和印糕的故事：

绍兴当地还流传着范仲淹和印糕的传说。

据传，范仲淹家境贫寒，一日三顿粥，把肚皮撑大得吓坏人，一顿能吃十三碗。即使吃了十三碗，也一会儿就饿了。每到冬夜，肚皮就随着他的读书声咕咕咕地叫起来。

后来，他想了一个办法，把粥盛在盘里冻结，然后像豆腐似的把粥划成一块一块,肚子饿了,就拿一块吃。他把这一块一块的方粥,取了个美名,叫白云糕。

他的同窗好友石梅卿知道了,深受感动,亲自备了好酒好菜去看望他。他说:"这酒菜我不能吃。"石梅卿问他为什么。他说:"这酒菜不差于砒霜,你这是在害我。"石梅卿越发不明白了,说:"我是诚心来帮助你的,怎说是害你呢?"

范仲淹说:"我现在已吃习惯了这种白云糕,日子还算过得去。假如我今天吃了你这好酒好菜,那明天再吃白云糕,舌头就要不听使唤了,那时,我不就要感到苦恼吗? 一感到生活苦恼,就要分散精力,无心读书。你说,这不是反害了我吗?"

石梅卿听了仲范淹这一番话,又赞叹又佩服,回去之后,叫人用糯米粉仿照范仲淹的白云糕做法做了方糕,天天送去,一直到范仲淹中举。

据说,现在的白印糕,就是由此传下来的。

79.农家豇豆糕

【菜肴】农家豇豆糕

【主料】精面粉 1500g、乌豇豆 500g

【辅料】鲜荷叶若干张

【调料】白砂糖 600g、熟猪油 100g、芝麻油适量

【烹调技法】蒸

【制作过程】

1.乌豇豆拣去杂质洗净,入锅加清水煮沸,焖酥至豇豆中约留500g 水。面粉用粉筛筛过,去掉粗粒。

2.锅内加熟猪油、乌豇豆搅拌,再加面粉、糖用铁铲炒拌至软硬适中和半熟。

3.粉团倒在案板上,凉后揉透,揉至粉坯滑糯时,压成大饼状。

4.在蒸糕的浅笼里铺上鲜荷叶,放上糕饼生坯,上笼蒸至糕面起蜂窝时即可出笼,涂上麻油,冷却后切成菱形块装盘即成。

【风味特点】

香,甜,糯,口味鲜美。

【制作要点】

1.煮豇豆时要用微火焖至酥烂。

2.在制泥时要磨得细腻,否则会导致口感粗糙,有颗粒感。

3.笼蒸时要用旺火沸水速蒸,以便使糕起发。

4.改刀时下刀要准,每块大小成形均需一致。

【知识链接】

豇豆,俗称角豆、姜平、带豆、羊角、豆角、饭豆、腰豆、长豆、裙带豆、浆豆,豇豆子熟后呈肾脏形,有黑、白、红、紫、褐等各种颜色。李时珍称"此豆可菜、可果、可谷,备用最好,乃豆中之上品"。在中医看来,豇豆归脾、胃经。具有理中益气、健胃补肾、和五脏、调颜养身、生精髓、利湿涩精、止消渴的功效。

80. 麦糊烧

【菜肴】麦糊烧

【主料】面粉 250g

【辅料】鸡蛋 150g、葱 10g

【调料】盐 3g、味精 3g、菜籽油 20g

【烹调技法】煎

【制作过程】

1. 将 5g 精盐放入 400g 温水中溶化，加少许味精。将 500g 面粉放入盆内，倒入盐水，加入鸡蛋，加上青葱末拌匀成糊状。

2. 锅放火上烧热后加一小匙菜籽油，滑一下锅，待油开始冒烟时，倒入 1/5 的面糊，用锅铲将糊摊开，厚为 3－4mm，煎烤至表面起泡，翻面后再煎烤一小会儿即可出锅食用。

【风味特点】

清香松软，口味鲜美。

【制作要点】

1. 要掌握好火候，火大会导致表面焦煳，内里不熟；火弱则使得面糊不易摊开，熟得慢，影响风味。

2. 麦糊烧煎烤后，食时可抹上奶油、辣酱或番茄酱等作料，其味尤佳。

3. 如要精工细作，可在面粉中加入鸡蛋或奶粉配料。但煎烤时应摊得薄一点儿，这样热得快，可减少营养成分的损失。

【知识链接】

麦糊烧是江浙闽一带的美食之一。主要原料有面粉、精盐等。这道小吃色绿悦目，清香松软，味美可口，营养丰富，多食不腻。

81. 传统菜油墩

【菜肴】传统菜油墩

【主料】面粉 200g

【辅料】白萝卜 150g、咸菜 50g、韭菜 50g

【调料】菜籽油 10g、盐 3g、味精 3g

【烹调技法】炸

【制作过程】

1.萝卜切成细丝,腌制一下,挤干水分,放入咸菜、韭菜一起拌匀,制作成馅。

2.面粉调成糊浆,倒入模具里面,加入馅后加糊浆,入油,炸成金黄色即可。

【风味特点】

香,酥,脆。

【制作要点】

1.做面墩生坯时要用巧劲,两根筷子运用自如,才能造型美观。

2.锅内加油适中,以半炸半煎为宜,两面煎黄至熟即成。

【知识链接】

菜油墩的来历传说:

据说,有一次,乾隆皇帝路过吴江黎里继续南下前往浙江巡视,龙舟行至一个水域非常宽阔的地方,袅袅的雾气渐渐弥漫升腾,只见一座敌楼在前面的雾气中时隐时现,胜似仙境中的玉宇琼楼。乾隆惊问:"这是什么地方?"黎里的随行官员告诉皇帝:"这里是唐家湖,湖中有个名叫盛墩的小岛。这小岛上有一座高高的敌楼名吞海楼。"本来龙舟要到平望停船吃晚饭过夜,想不到迷了路让一行人饿了一夜。饥肠辘辘的一行人来到湖心岛上的一座寺庙,岂知这寺庙受到冷落多时了,方丈只得叫烧火和尚用糯米粉包豆沙馅,揉成球,放入油锅氽制成点心,硬着头皮端了上去。乾隆饥不择食,吃后大为赞赏,问侍臣:"此物何名?"侍臣不知,连忙问方丈,方丈只得实说了:"此糕点是第一次做,尚无名字。"乾隆见所食之物,圆溜溜,黄澄澄,扁塌塌,活像大殿中"菩萨"香案前的蒲墩,就笑着说:"此物真像油氽的蒲墩,就叫油墩吧。

82. 下管荞麦饺

【菜肴】下管荞麦饺

【主料】荞麦粉 300g

【辅料】咸菜 50g、冬笋 100g、牛肉 200g

【调料】盐 2g、味精 3g、鸡精 3g、麻油 10g

【烹调技法】蒸

【制作过程】

1.把荞麦粉、盐、热水半杯、冷水半杯混合在一起,揉搓成荞麦面团,再分成多个小面团,擀成饺子皮。

2.牛肉去筋后剁烂;咸菜、冬笋、葱都切成小粒。

3.牛肉中加入咸菜、冬笋、葱粒、调味料(白糖、酱油、胡椒粉、植物油),搅拌起胶后再加入麻油搅拌均匀,放在一边约 30min,制成肉馅。

4.荞麦面皮中包入适量的馅,捏好封口,包成饺子。

5.把包好的饺子放在抹过油的蒸笼中,用大火蒸 8min,熟透后就可以取出食用了。

【风味特点】

农家点心,别具一格。

【制作要点】

1.和面方法有两种:一是烫面;二是冷水面团。

2.烫面不需加白面,水温不宜过高,一般以 60—70℃为佳,冷水和面要加入三分之一到一半的白面,因为荞面的黏合度较差。

3.可以用水煮,但蒸出来的口感会更好些,会有淡淡的甜味。

【知识链接】

荞麦蒸饺并非指以荞麦作为主要馅料的饺子,而是指以荞麦制成饺子皮的饺子。荞麦为一种粗粮,碳水化合物含量高,含蛋白质约 11%、脂肪 2%,并含少量维生素 B_1 和 B_2,以及多种营养矿物质,尤其是苦荞中含有硒元素,有抗氧化和调节免疫力功能,是对人体十分有益处的健康食品。

83.油煎麦粿

【菜肴】油煎麦粿

【主料】梁湖米粉 500g

【辅料】红糖 5g、菜籽油 5g

【烹调技法】煎

【制作过程】

1.水磨粉和成粉团,制作成麦粿,起油锅,麦粿煎至两面金黄。

2.红糖化水,放入煎好的麦粿,将糖水收汁即可出锅装盘。

【风味特点】

软糯香甜,色泽红亮。

【知识链接】

麦粿是一种过去的潮州农家人喜欢的小吃,将小麦磨成粉,经过发酵做成半圆或者圆形粿块,将其煎烙熟,称为麦粿。"麦粿"是一种细粮,不但好吃,而且有利于健康。

冬种小麦上场后,过去的潮州农家人总是喜欢烙些"麦粿",既可用来填饱肚子,又可作为一种特色潮汕小吃来。说是"麦粿",虽然也有人将小麦磨成粉,经过发酵做成包状的,称为"麦粿",但大多数人则称之为"麦包",只有将煎烙成一块块圆或半圆形状的粿块,才称为"麦粿"

"麦粿"有多种不同的烙法,既可用全麦面,也可用精面(即去麸皮的面);不但可以烙甜的"麦粿",而且可以烙咸的"麦粿"。咸的"麦粿",其烙法与烙甜的一样,不外是将加入适量的糖,改为加入适量的葱花和盐、味精等作料。有的还在用总面或精面调和成的浆糊里,加入拌匀的鸡(或鹅、鸭)蛋液,甚至加上一些发酵粉一起煎烙。为增强口感,适应不同的口味,有的还加入炒熟后捣碎的花生仁、芝麻等,特别是专门做买卖的摊档,烙的"麦粿"花样更多,除了采用上述的烙法外,还有其特殊的烙法,采用的工具也有所不同。

84. 特色小笼包

【**菜肴**】特色小笼包

【**主料**】坯料:面粉 350g

【**馅料**】猪肉 300g

【**调料**】食盐、味精、白糖、料酒、香油、姜末、皮冻

【**烹调技法**】蒸

【**制作过程**】

1.和面,面团加水用劲揉,揉好的面要静放备用,把馅料调好

备用。

2.擀皮,把面揪成大小均匀的剂子,按成圆擀成皮,皮要薄,且均匀。

3.包包子,馅放入皮中用手折捏成纹路,包成包子。

4.蒸制,水开后,上锅蒸7—8min至熟即可。

【风味特点】

皮薄肉厚,汁多鲜美。

【制作要点】

1.面团要用水调面。

2.调馅料时要加入肉皮冻。

3.包小笼包的时候,不用收口,用拇指和食指握住小笼包边,轻轻收一下就可以。

4.蒸之前一定要在小笼包表面喷水,因为擀小笼包皮的时候,要加许多面粉,才能压出荷叶裙边,如果不喷水,蒸好的小笼包皮会很干。

【知识链接】

小笼包的历史可上溯至北宋,尚有类似的"灌汤包子"流传至今。

现代形式的小笼包起源于清代道光年间的常州府,并在各地都形成了各自的特色,如常州味鲜,无锡味甜,苏州味美,但都具有皮薄卤足、鲜香美味等共同特点,并在开封、天津等地也得到了传扬。近代江南小笼包真正成形的历史已很难考证,但普遍认为现代小笼包与北宋时期的"山洞梅花包"和"灌汤包子"有着传承上的渊源关系,在靖康之变后因北宋皇室南迁而带入江南,后经演变而来,与中国北方地区流行的灌汤包子系出同门,千百年来传承一直没有断绝,并在各地得到了创新和发扬。

85.艾　饺

【菜肴】艾饺

【主料】糯米粉 600g、粳米粉 175g、艾青叶 300g

【辅料】黑芝麻 250g

【调料】白糖 750g、纯碱 15g

【烹调技法】蒸

【制作过程】

1.将 70g 碱水(碱水比 1∶10)倒入 750g 沸水中,水再沸时,投入 300g 洗净的鲜嫩艾叶,不盖锅(防止艾叶被焖黄)烧沸煮烂,捞入冷水中过凉后,再加入 70g 碱水、600g 糯米粉搅拌均匀。

2.另将 175g 沸水,冲入等量的粳米粉中,边冲边用木棒搅匀成粉糊,和入艾青糯米粉团中,用力揉匀。

3.将 250g 芝麻仁炒香,擀细末,拌入白糖 750g 制成馅。

4.把揉匀的粉团放在撒有干米粉的案板上,搓条摘剂(约可摘 100 个剂子),逐个揿成扁圆形厚皮或捏成酒盅状,裹入芝麻馅,先捏成饺子形,再收口捏出花边,上笼旺火蒸约 20min 即成。

【风味特点】

肉质鲜嫩,口味鲜美。

【制作要点】

1.煮艾叶的时候放点纯碱。

2.蒸的时候时间要掌握好,时间久了颜色会比较深。

【知识链接】

艾饺是浙江省传统节令小吃之一。食艾饺属于浙江清明节民俗,艾是多年生草本植物。揉之有清香,叶呈羽状分裂,背面有白色细毛。取洗净艾叶稍煮一下,加入糯米粉,以猪油、白糖、芝麻、松仁、核桃肉、百果为馅,捏成僧帽状饺子,蒸熟后即为艾饺。清明食艾饺,能驱邪禳毒。此饺是用鲜嫩艾叶和米粉和匀做皮,包入白糖芝麻屑馅,捏成海燕状饺子,蒸制而成的。其色泽翠绿,味道清香而略带苦味,食之别有风味。

艾性温,味辛苦,有散寒去病、温经止血的功效。清明前后,天气转暖,多雷阵雨。越谚有"清明吃艾饺,不怕阵雨浇"之说。上坟艾饺多从茶食店或糕团店购买,但小户人家也有自做的。清明是二十四节气之一,在每年 4 月 4、5 或 6 日,民间习惯于此日扫墓。

诸暨菜

诸暨位于浙江省中北部，北邻杭州，东接绍兴，南临义乌。诸暨历史悠久、人文荟萃，是越国故地、西施故里，诸暨为古越民族聚居地之一、越王勾践图谋复国之所，秦王政二十五年，设诸暨县，属会稽郡。诸暨是吴越文化的发祥地，昔有钱塘名区之繁盛，是中国百强县市、浙江省首批科技强市、浙江省首批教育强市。

1.次坞打面

【菜肴】次坞打面

【主料】面粉

【配料】猪瘦肉、茭白、咸菜、木耳、鸡蛋肉卷、洋葱、蒜、黄花菜

【调料】盐、味精、料酒、玉米油、生抽、老抽

【烹调技法】煮

【制作过程】

1.做手擀面:和面非常重要,面不要太软,和面成团后,擀成大

张的面皮,再卷成卷,切成丝。锅中加水将面条煮至八成熟,备用。

2. 木耳入清水泡发,洋葱、蒜、肉、木耳、茭白、咸菜切丝备用。

3. 锅里加玉米油,冷油下花椒粒,一点点煸香,最后将花椒粒捞出来。下蒜末和洋葱末煸香,加入木耳、黄花菜、咸菜翻炒,再加入肉丝、鸡蛋肉卷,加生抽、老抽、盐、味精调味。最后放入面条同煮 2min 即成。

【风味特点】

口味鲜美,嚼而有劲。

【知识链接】

次坞打面是浙江省诸暨市次坞镇的传统风味小吃。次坞,是诸暨市管辖地和杭州交界的一个镇。自从南宋皇朝迁都杭州,有一个宫廷面点师因闯祸从宫中逃走,流落到次坞一带乡间后,打面——一种由北方面粉特制的面条,就在次坞民间流传开来。由于制作复杂,口感滑嫩,鲜味独特,价格偏高,而不能大范围地推广。

2. 诸暨煎豆腐

【菜肴】诸暨煎豆腐

【主料】内酯豆腐 300g

【配料】肉末 20g、水发香菇 5g、鲜红椒 10g、蒜子 10g、咸鸭蛋黄 1 个、青豆 5g、花生油 50g、芝麻油适量

【调料】精盐、味精适量,葱花 5g,湿淀粉 10g,鸡汤 10g

【烹调技法】煮

【制作过程】

1.豆腐切成方丁整齐摆放在器皿内,放精盐和味精,上笼蒸5min,取出。

2.将鲜红椒、香菇切成米粒状。蒜子捣成泥。咸鸭蛋黄切成米粒状。

3.锅内放油,下入红椒米粒、香菇米粒、蒜泥、咸鸭蛋黄米粒和肉末、青豆,加精盐、味精、鸡汤,用湿淀粉调稀勾芡,淋芝麻油,撒葱花,浇在豆腐上即成。

【风味特点】

汤宽汁厚,滑润鲜嫩,色泽艳丽。

【知识链接】

豆腐在诸暨人的生活中是不可缺的,不论红白喜事,无论乡村城市,第一道端上桌来的必然是"煎豆腐"。入民心,接地气,倘若没有这道"煎豆腐",在诸暨人心里,这简直算不上一场像样的宴席。"煎豆腐"是节俭生活的写照,利用鸡鸭的内脏(肫、肝等)与豆腐同烩,既使鸡鸭的内脏有了新的用处,可谓"变废为宝",又成就了新的美味,并相传成俗。

3.西施团圆饼

【菜肴】西施团圆饼

【坯料】面粉 250g

【馅料】猪里脊肉 100g、白萝卜 100g

【调料】盐 3g、小葱 10g、胡椒粉 5g、猪油(炼制)25g、花椒粉 5g、醋 5g、鸡精 2g

【烹调技法】蒸、煎

【制作过程】

1. 将猪里脊肉切成丁。

2. 面粉加水和好后放置待用。

3. 白萝卜洗净用刨子刨成丝；香葱洗净切成末。

4. 取两个器皿，将肉丁和萝卜丝分别放入白胡椒粉、花椒粉、精盐、鸡精、醋、香葱末拌匀腌 10min 待用。

5. 将和好的面擀成面皮，包入两层萝卜丝夹一层肉馅，放入蒸锅中蒸 20min 取出。

6. 起锅点火放油，油温八成热时将面饼放入煎至两面金黄色即可。

【风味特点】

爽而不腻，辣而不重，又香又鲜。

【知识链接】

西施团圆饼是浙江诸暨传统的地方名点，是以纯正精细的面粉或荞麦粉做皮子，将山地土产香脆萝卜、青葱、香椒与鲜猪肉拌和一起做馅，手工包制而成的一种扁圆饼子。以文火煎烤而食，其味爽而不腻，辣而不重，又香又鲜，深受当地百姓的喜爱。每逢过年过节、婚嫁寿庆，酒席间少不了这道点心。

4.杨梅粿

【菜肴】杨梅粿

【主料】糯米、糯米粉、粳米粉

【配料】芝麻、红糖、白糖、板油

【烹调技法】蒸

【制作过程】

1.在糯米粉(本地水磨汤团粉)中加粳米粉,比例为 3∶1。

2.芝麻炒香,加白糖和红糖及板油,包成汤团状喜庆吉祥的杨梅粿。

3.裹上染红的糯米,裹均匀。

4.码放好上锅,水开后再蒸 10min 至熟即可。

【风味特点】

色泽诱人,香甜软糯,口感绵糯。

【制作要点】

1.糯米粉和粳米粉的比例为 3∶1。

2.生芝麻炒熟后加点板油会更香。

3.用浸泡 10 天后再磨粉的糯米粉,也可以用汤团粉。

【知识链接】

杨梅粿形似杨梅圆滚滚,色如杨梅红彤彤,寓意一家人团团圆圆,日子过得红红火火,夫妻感情甜甜蜜蜜,杨梅粿就是这么一道喜庆的甜食。

不知从何时诞生,也不知从何时兴起,但它一直就与人们的喜事相伴。三份糯米粉与一份粳米粉和好,搓成一个个圆球;将芝麻炒熟,用擀面杖擀碎,拌上红糖,又甜又香,作为馅料;将糯米浸湿,用食用色素染红,作为点缀;把馅料填进圆球里面,在红糯米上一滚,周身通红,像一个硕大无比的杨梅,蒸熟以后,就可大快朵颐。

岭北地区,小伙子讨老婆,老头子做寿,小孩子满月或周岁,讲究的人家要摆喜宴,就必定少不了它,让客人与主人一同分享那份喜气。

品尝杨梅粿时,要咬个小口,先把汤汁吸完,随后,再咬一小口,慢慢咀嚼,体会其中的甜甜滋味。

5. 糖　漾

【菜肴】糖漾

【主料】红小豆、粳米粉

【配料】白砂糖、红糖

【烹调技法】蒸

【制作过程】

1.将红小豆洗净并浸泡一夜。

2. 将粳米粉放置于大碗中,并加些许冷水调成糊。(米糊需要稍微干点)

3. 将之前浸泡的红豆放入高压锅中进行烹煮。

4. 将煮熟的红豆放入调制好的米糊之中,并且充分地搅拌。(考虑个人口味可自行品尝一下甜度)

5. 蒸锅中加水烧开并放置蒸架。(蒸架上最好拿木棍隔一下,那样会有蒸汽上来,蒸熟得快,放上纱布,倒入搅拌好的米糊)

6. 将米糊放在蒸架上,蒸制 10—15min。

7. 煮熟放凉后可以用刀切成小块进行享用。

【风味特点】

层次分明,香甜软糯,口感绵糯。

【制作要点】

糖漾蒸好之后可以用荷叶包起来,吃的时候就有了荷叶的香气。

【知识链接】

糖漾被称作"大藤羹",前期做法与藤羹相同,不同之处是它有夹层,制好米浆的同时要准备好馅料,蒸制时先铺一层藤羹,再铺上馅料,再铺上一层藤羹浆,蒸好后香糯可口的糖漾就出炉了。满满一大块糖漾,只见师傅拿起一把长条形刀,一竖一竖,又斜着一刀刀切,就成了一小块一小块菱形的样子。

热乎乎的糖漾最是好吃了,刚出炉的糖漾一口咬下去,黏黏的表皮,细腻的红豆,一口一口,意犹未尽。有心一点的师傅会把糖漾各层的颜色做得不一样,小孩儿吃的时候喜欢一层层剥开来吃,比发糕有嚼劲。

诸暨有句土话:"七月半,糖漾麻糍当一顿。""糖漾"根据方言音译,听老人说,七月半这天会祭祀那些没有后人祭拜的孤魂野鬼,所以最好待在家里,而且一定要吃糖漾。

6.香榧鱼卷

【菜肴】香榧鱼卷

【主料】鳜鱼 1 条 1000g

【配料】香榧 250g、面包糠 200g

【烹调技法】炸

【制作过程】

1.熟香榧去壳去黑衣研成粗末,加猪油、葱花、味精、盐,制成香榧馅,放冰箱冷冻成形。

2.鳜鱼剖杀洗净取肉,头尾龙骨相连不能切断,将鳜鱼头尾拍粉炸成金黄色,放入鱼盘内。

3.鳜鱼肉洗净,刮成蓉加盐,顺一个方向搅打成鱼胶,加香榧馅制成藏心鱼卷,粘面包糠。

4.炒锅加热下油,油温120℃时放入藏心鱼卷,定形成熟后捞起,待油温升到160℃时将藏心鱼卷复炸成金黄色捞起,码放在炸好的鳜鱼头尾上,围边造型即成。

【风味特点】

外脆里嫩,香味浓郁。

【制作要点】

1.炸制时油温以四五成热为宜。油温太低易下锅散碎,油温太高则易焦煳。

2.鱼蓉在加工时要搅打上劲,才能包裹住香榧馅。

3.裹面包糠时要裹均匀。

【知识链接】

香榧鱼卷的来历:

传说有一道叫妃子鱼卷的菜。清朝嘉庆年间诸暨富商斯元儒与街亭富户赵万贤结亲,在斯宅席间,斯元儒以香榧制作的鱼卷宴请赵家品尝,赵万贤尝后,以妃与榧同音而给菜取此雅名。

7. 黄公糕

【菜肴】黄公糕

【主料】糯米、玉米粉

【配料】野生土蜂蜜、芝麻、花生、麦芽糖

【烹调技法】炒、烘烤

【制作过程】

1.将糯米洗净并浸泡一夜。蒸熟,晾凉备用。

2.将花生磨碎,与芝麻一同炒熟备用。

3.将糯米与玉米粉、芝麻、花生、麦芽糖、蜂蜜拌匀成糕糊备用。

4.将糕糊倒入模具,放入烤箱,烘烤至色泽金黄,成熟后拿出。

5.将糕改刀切成小块即可。

【风味特点】

色泽金黄,香甜酥脆。

【制作要点】

1.糯米要炒制均匀。

2.在烤制时要注意时间,防止时间过长导致口感过硬。

【知识链接】

紫阆黄公糕又名豆糕,在应店街紫阆地区传承已逾千年。黄公糕的名字,跟大画家黄公望有关。

元末,紫阆边黄自然村大岭山脚,著名画家黄公望晚年隐居于此多年,并创作《富春山居图》《富春大岭图》等名作。黄公望隐居期间,常随带当地村民制作的豆糕去相距几十里外的富春江两岸实地写生。至明代,紫阆人徐镗邀请吴中四才子祝允明、唐寅、文徵明、徐祯卿游历紫阆,四才子食用豆糕后大为赞赏,提议可命名为"紫阆黄公糕"。徐镗将其作为礼品馈赠文人,紫阆黄公糕之名遂广为人知。

8.岭北盐焗鸡

【菜肴】岭北盐焗鸡

【主料】三黄鸡1只

【配料】沙姜1小块、香菜2棵

【调料】米酒1/2杯、粗海盐3包共1500g

【烹调技法】盐焗

【制作过程】

1.沙姜洗净刮去外皮,剁成细末;香菜去蒂,洗净沥干水待用。

2. 三黄鸡洗净去内脏,斩去头、脖颈和鸡脚,用厨房纸吸干水分。

3. 用米酒和沙姜末涂抹鸡身,腌制 5min,将剩下的米酒倒入鸡腹里。

4. 用厨房纸将三黄鸡包住,一定要包得严实。先在瓦煲底部洒入 1.5 袋粗海盐,放入包好的鸡,再倒入 1.5 袋粗海盐盖住鸡身。

5. 盖上瓦煲的盖子,铺上一块湿方巾,开小火烧 60min 左右。烧至湿方巾变干,说明鸡已熟,揭盖舀出鸡身上的粗海盐。

6. 取出蒸熟的鸡,撕去厨房纸,将鸡置入碟中,放上香菜做点缀,即可上桌。

【风味特点】

色泽金黄,味香浓郁,皮脆肉嫩。

【制作要点】

1. 做盐焗鸡用的瓦煲,应选较深一点的,以便能装下海盐;由于瓦煲使用一次就丢弃,因此不宜选购太贵的。

2. 做完盐焗鸡后,只须将锅底变黑色的海盐刮去,白色的海盐还可以留着下次使用。

3. 瓦煲底部的海盐,要高于两节食指,铺的海盐太浅的话,会将包鸡的厨房纸烧焦,鸡会发黑难吃。

【知识链接】

岭北盐焗鸡作为诸暨"非遗",早在诸暨市内,甚至省内都享誉盛名,一直以来备受吃货们的热捧。

盐焗鸡,选用岭北鸡,小而精,一只鸡在 750—1000g 之间,放养于山间,可轻松爬岩低飞,因此造就了盐焗鸡肉质紧实、口感鲜美的特点。盐焗鸡的做法也简单,将现杀洗净的鸡放进铺满食盐的大锅里,再覆上一层食盐,然后蒸熟就行,不需要再添加其他任何调料。不过,火候控制要非常精确而到位,食盐才能保留鸡肉最原始的汁味,散发独特的香味。

9.枫桥扣肉

【菜肴】枫桥扣肉

【主料】五花肉1块约500g

【配料】生菜一棵，藤椒、霉干菜少许

【调料】老抽、生抽、盐、白糖、料酒、葱姜蒜等

【**烹调技法**】烧、蒸扣

【**制作过程**】

1.带皮五花肉一大块,焯水后取出。用叉子在肉皮表面上扎小眼后趁热在肉皮表面上抹点老抽。

2.锅里放油,烧到七八成热时把整块肉的皮朝下放入锅中炸。把肉皮炸黄捞出沥干油。

3.把整块肉肉皮朝下放入水中浸泡,至表皮软软的取出沥干水分。

4.把炸好的肉切成厚片,每片大约 0.8cm 厚,皮朝下,在碗里排好。

5.霉干菜洗净,漂净沙子,切碎。烧热炒锅,白锅(就是不放油)炒干霉干菜,盛出。

6.取一小碗,加南乳两块,白糖、老抽、生抽、料酒、八角粉、盐等用少许水调匀。锅里放油,烧热,爆蒜蓉,下霉干菜炒,将碗里的汁倒入,烧开。煮好后,倒入装肉的碗内,把碗放在高压锅里,上汽蒸半个钟头左右,到肉变软可取出。

7.取一碟子扣在碗上,倒转过来,将碗里的汁倒出来,取出碗。汁下锅再调下味,加点鸡精、麻油,用水淀粉勾一点薄芡,淋在扣肉上,再点缀上藤椒即可。

【**风味特点**】

造型美观,酥而不烂,油而不腻。

【**制作要点**】

1.扣肉炸制时要注意将肉皮表面炸至出现虎皮状纹路为止。

2.扣肉在蒸制时要注意火候。

10. 诸暨老三鲜

【菜肴】诸暨老三鲜

【主料】瘦猪肉、鸽蛋、鸡蛋皮

【配料】虾干、葱丝、娃娃菜

【调料】老抽、生抽、盐、白糖、料酒、胡椒粉、葱姜蒜等

【烹调技法】蒸

【制作过程】

1.猪肉剁碎,加入少许盐,生抽、胡椒粉、料酒拌匀成馅。

2.打2个鸡蛋调匀,不粘锅刷上一层底油下蛋液煎成蛋皮备用。

3.蛋皮放凉铺上肉馅从一端卷起来,卷紧备用。

4.肉卷上锅大火烧开蒸15min即可出笼切段备用。

5.盘底部垫上娃娃菜,上面放上肉卷,周围围上鸽蛋和肉丸,上面点缀上虾干、葱丝,上蒸笼蒸20min即可。

【风味特点】

造型美观,咸鲜味美,滋味多样。

【制作要点】

1.在卷肉卷时要注意卷紧,肉馅要搅打上劲。

2.蒸制时要注意各种原料之间的成熟度差异。

【知识链接】

三鲜的来历与分类:

立夏之日,古时天子率公卿大夫在都城南郊举行迎夏之礼,并着朱衣,以伏夏为赤帝之意,同时以生肉、鲜果、五谷与茗茶祭祀古帝。此习俗流衍至民间,便有立夏尝新之举。后来慢慢发展成立夏尝三鲜的习俗。立夏尝三鲜又称为"立夏吃三鲜"或"立夏见三新"。

三鲜一般又分为地三鲜、树三鲜、水三鲜。我国民间历来有立夏之日尝三鲜的习惯。

11. 安华牛杂煲

【菜肴】安华牛杂煲

【主料】牛肉 200g、牛筋 200g、牛肚 200g、牛喉 200g 等

【配料】娃娃菜 300g、香芹、番茄

【调料】老抽、生抽、盐、白糖、料酒、葱姜蒜等

【烹调技法】烧

【制作过程】

1.先把牛肉、牛百叶、牛喉用盐姜酒腌上,牛肉还要加油和淀粉,腌半小时以上。切片切条任君选择。牛肚和牛板筋太韧,懒嚼的也可以忽略不做,或者用高压锅加酒和葱结压过再切。

2.热油干锅,先炒牛肉半熟盛出。

3.娃娃菜切片,芹菜切段,过油锅,放一点盐,炒熟盛出。

4.重新起锅,爆姜和老蒜,再小火炒化番茄。先炒牛肚和板筋(如果有的话)。

5.炒到八成熟放入牛百叶和牛喉,放入蚝油(美味的关键)。牛百叶和牛喉八成熟时放入娃娃菜、芹菜、牛肉。

6.将娃娃菜和香芹垫底,将牛肉、牛筋、牛肚、牛喉等排于其上即成。

【风味特点】

造型美观,酥而不烂,油而不腻。

【制作要点】

1.在装盘时要注意各个刀面整齐均匀。

2.各原料之间要注意成熟度的区别,提前焯水。

【知识链接】

牛杂,又称"牛杂碎",是牛内脏的统称,是发源于老广州地区的一道传统美食。据说,上古一位大王在先农坛亲耕祭祀农神时,突然天降大雨,大王看到当地闹饥荒,立即下令屠宰亲耕的牛,将牛肉、牛肚、牛心、牛肝、牛百叶、牛肠、萝卜等放入锅中。百姓食后醇正鲜美,味道甚好,从此流传下来。

新昌菜

　　新昌县,位于浙江省东部,是绍兴市辖县。东与宁波市奉化区、宁波市宁海县交界,南边与台州市天台县交界,西南与金华市东阳市、金华市磐安县交界,西、北两面与嵊州市交界,与嵊州市同属新嵊盆地。

　　新昌县有小京生、春饼、芋饺等风味小吃。"烟、茶、丝、术"为四大传统特产。有大佛龙井、米海茶、新昌榨面、新昌长毛兔、牛心柿、白术等特产。

1. 水煮小京生

【菜肴】水煮小京生

【主料】新昌县境内产的"小红毛花生"（俗称"小京生"）

【调料】盐、香葱、茴香少许

【烹调技法】煮

【制作过程】

1. 将花生洗干净，挑去损坏或者虫蛀的。

2. 锅中放入花生，放入沸水，加入调料，中火煮制 8—12min，取出装盘上桌。

【风味特点】

颗颗饱满,质感细润,口味略带甜。

【知识链接】

小红毛花生为豆科落花生属植物落花生的种子,系一年生草本,俗称小京生。

相传古代就被选为贡京的佳果,小京生由此得名。果形小巧,壳薄,呈椭圆形,果仁饱满,香中带甜,油而不腻,为我国花生优良品种。小京生适宜栽种在 250m 以下的玄武岩台地上,又以棕泥土、红黏土壤为佳。含有丰富的蛋白质、脂肪和微量元素,能悦脾和胃、润肺化痰、滋补润气,具有保健和药用价值。经常食用,对动脉粥样硬化和冠心病有一定的预防和治疗作用;对于提高记忆力、延年益寿也颇有功效,故有"长生果"之美誉。

2.红烧小溪鱼

【菜肴】红烧小溪鱼

【主料】新昌镜岭小溪鱼

【配料】小葱、生姜、大蒜、花椒、红椒各适量

【调料】料酒、植物油、高汤、糖、盐、味精各少许

【烹调技法】煎

【制作过程】

1.将溪鱼去鳞和内脏、鳃,洗净,加入盐、糖、料酒腌渍 10min,

去除汤汁;葱、姜、蒜、红椒切粒。

2.炒锅上火热锅后,加油烧热,加入花椒煸出香味,捞出;然后把切好的葱、姜、蒜、红椒粒爆香,加入溪鱼煎至两面金黄色,加料酒、高汤煮透,出锅装盘洒上小葱即可。

【风味特点】

溪鱼外形完整,鱼肉细嫩鲜美,下酒佳肴。

【知识链接】

新昌镜岭小溪鱼产于穿岩十九峰的溪河中,穿岩十九峰位于浙江省新昌县城区西南22km处。由十九峰、飞龙栈道、千丈幽谷、台头山、倒脱靴等风景名胜区组成,有百余处景观、景物。为典型的"丹霞地貌"。它以"雅、幽、奇、险"为特色,以"峰、谷、洞、溪、瀑"为主体。景区内绵亘的山脉、台地和蜿蜒回旋的江溪,与自然环境融为一体的奇峰怪石、飞瀑流泉、小溪碧潭、幽谷洞壑,展示了自然风光、山水神韵。景区有"漓江之美,桂林之秀,雁荡之奇""浙东张家界"之称。

3. 高山茶园肉

【菜肴】高山茶园肉

【主料】五花肉

【配料】高山茶叶

【调料】花椒、八角、香叶、桂皮、草果、老抽、生抽、糖、盐、料酒、葱、姜

【烹调技法】焖

【制作过程】

1. 先把五花肉洗净,切成方形,放到锅里,加足量水、少许料酒,用大火烧开,转中火煮 5min,把煮好的五花肉取出。

2. 另起一锅,留底油,放入葱段、姜片煸香后加入高汤,放入花椒、八角、香叶、桂皮、草果、老抽、生抽、料酒、白糖、盐、高山茶叶调味,取一竹篾垫在锅底,再将焯过水的五花肉皮朝下放入锅中。

3. 大火烧开,转小火煮 30min,此刻汤汁浓稠即可关火,再焖 4h,最后旺火收汁,盛出高山茶园肉。

【风味特点】

肥而不腻,酥烂可口。

【知识链接】

高山茶富有高山气味,通常被认为是高品质茶叶的象征。茶谚:"高山出好茶"。高山茶品质好主要有以下原因:①选择优良品种;②良好的栽培管理;③把握茶叶采摘的时机与方法:以顶芽开面后(对口叶)二三日,其下二三叶叶片当未硬化时采摘最为理想。茶叶采摘时以长至五叶,留下二叶,采一心二三叶最为理想。

4.清蒸高山茭白

【菜肴】清蒸高山茭白

【主料】采用生长在新昌县回山镇的高山茭白

【调料】椒盐、酱油、麻油、调味汁

【烹调技法】蒸

【制作过程】

1.将回山茭白切去后端老去的茎,剥去外层的壳,清洗干净,上笼蒸制 5—8min。

2.取出捆扎装盘,随椒盐或调味汁味碟上桌。

【风味特点】

外形白绿,质感细嫩润口,味鲜带甘甜。

【知识链接】

新昌县是"中国高山茭白之乡",回山镇是该县高山茭白主产区。该镇已涌现出一批茭白专业村,并建设有高山茭白产地市场。

茭白别名茭笋、茭瓜。春秋时期即已栽培。新昌高山茭白肉质松软,质地嫩白,味道鲜美适口,营养丰富。

5. 白切三黄鸡

【菜肴】白切三黄鸡

【主料】新昌长诏三黄鸡1只

【调料】小葱、生姜、大蒜、花椒、干红椒、料酒、高汤、糖、盐各少许

【烹调技法】煮

【制作过程】

1.将三黄鸡宰杀洗净,放入沸水锅中焯水后用冷水冲凉;将小葱打结;生姜、大蒜拍松散但不要碎。

2.炒锅上火加入高汤,然后将三黄鸡放入,加入葱结、姜块、蒜块、干辣椒,烧沸后转小火焖 15—25min,以用筷子扎进去没有血污渗出为好。

3.将三黄鸡捞出斩切成块整齐装盘,配上调味汁上桌。

【风味特点】

外形工整,色泽金黄,滋味鲜美,为当地待客佳肴。

【制作要点】

1.煮焖三黄鸡时要注意火候。

2.焯水时要焯透。

【知识链接】

新昌长诏白切三黄鸡全鸡呈金黄色,香酥肥嫩,作料色彩缤纷,滋味鲜美。为著名营养药膳。新昌菜除讲究色、香、味、名、形还有"声"。榨菜片除了能增添鸡汤中的特殊的鲜、香之味外,嚼之发出响脆之声,亦是大快朵颐之事。

6.三鲜皮卷

【**菜肴**】三鲜皮卷

【**主料**】新昌皮卷

【**配料**】河虾 50g,焯水冬笋 1 棵,鸡蛋 2 个,蟹黄菇 40g,小青菜 20g,熟猪肚 50g,熟鹌鹑蛋 8 个,高汤 200g,香葱粒、姜末、蒜粒各少许

【**调料**】色拉油、盐、美味鲜酱油、味精、白糖、麻油各少许

【**烹调技法**】烩

【制作过程】

1.将鸡蛋煎成蛋糕,切长方块;新昌皮卷切成 5—6cm 的段;河虾焯水;冬笋焯水;熟猪肚切片;青菜、蟹黄菇洗净。

2.炒锅上火热锅后,加色拉油烧热,下葱、姜、蒜粒煸炒出香味,再加入高汤,然后依次加入河虾、冬笋片、鸡蛋糕、蟹黄菇、熟猪肚片、熟鹌鹑蛋、小青菜,加料酒、少量美味鲜酱油、食盐等调味,中火煮 2—4min;成熟后加入少许味精、麻油拌匀装盘。

【风味特点】

色泽金黄诱人,汤汁鲜美,口感细嫩,营养丰富。

【知识链接】

新昌皮卷采用纯手工制作,营养丰富,为纯绿色食品。一般新昌妇女坐月子的时候全都食用它;哪家有病人了,亲戚朋友也会送三鲜皮卷,因为其营养特别丰富,对病人康复有非常好的食补作用。

7. 咸肉蒸笋

【**菜肴**】咸肉蒸笋

【**主料**】冬笋2棵

【**配料**】咸肉50g

【**调料**】小葱、生姜、红椒、香菜、料酒、高汤、糖、盐、味精各少许

【**烹调技法**】蒸

【制作过程】

1.将冬笋剥去外皮,切去老掉的根茎;咸肉切长方片;小葱打结;生姜拍松散但不要碎。

2.把冬笋切成菱形小块,加入咸肉片、葱结、姜块拌匀;然后加高汤、料酒、糖、盐上笼蒸制 8—10min,最后放红椒、香菜点缀上桌。

【风味特点】

色泽洁白,香味浓郁,滋味鲜美。

【知识链接】

冬笋是立冬前后由毛竹(楠竹)的地下茎(竹鞭)侧芽发育而成的笋芽,因尚未出土,笋质幼嫩,是一道人们十分喜欢吃的菜肴。

中医认为竹笋味甘、性微寒,归胃、肺经;具有滋阴凉血、和中润肠、清热化痰、解渴除烦、清热益气、利隔爽胃、利尿通便、解毒透疹、养肝明目、消食的功效,还可开胃健脾、宽肠利膈、通肠排便、开膈豁痰、消油腻、解酒。

8.清汤螺蛳

【**菜肴**】清汤螺蛳

【**主料**】螺蛳 500g

【**调料**】小葱、生姜、大蒜、红椒、色拉油、料酒、高汤、糖、盐各少许

【**烹调技法**】烧

【**制作过程**】

1.将螺蛳剪去尾巴,冲洗干净;小葱打结;生姜、大蒜拍松散但不要碎。

2.炒锅上火热锅后,加色拉油烧热,下螺蛳煸炒 1min,然后加葱、姜、蒜、红椒煸炒出香味,再加入高汤,中火烧制 3—5min,装盘加香菜点缀上桌。

【风味特点】

汤汁澄清,螺肉滋味鲜美,为当地佐酒佳肴。

【知识链接】

此菜中螺蛳特选用被誉为"水做青罗带,山为碧玉簪"的新昌十九峰清溪中的小螺蛳,色泽美观,炒制香美,清蒸鲜美。

9. 煎豆腐

【**菜肴**】煎豆腐

【**主料**】老豆腐 500g

【**调料**】色拉油 200g、美味鲜酱油一小碟

【**烹调技法**】煎

【**制作过程**】

1. 将豆腐切成长 5cm、宽 3cm、厚 0.8cm 的长方块。

2. 炒锅上火热锅后,加色拉油烧热,下豆腐块小火煎制,至两面金黄色装盘,随小碟美味鲜酱油上桌。

【风味特点】

色泽金黄,入口酥香,滋味鲜美。

【知识链接】

用于新昌煎豆腐的原料数澄潭豆腐为佳,已有百余年历史,名扬县内外,豆腐外酥里嫩,色泽明亮,营养丰富,滋味鲜美。

10. 新昌炒年糕

【菜肴】新昌炒年糕

【主料】新昌年糕

【配料】新昌腌菜、胡萝卜丝、大蒜叶、盒装豆腐 1 盒、豆腐干 30g、焯水冬笋 80g、鸡蛋 50g、肉丝 100g、香葱 10g

【调料】色拉油、盐、老抽、美味鲜酱油、味精等各适量

【烹调技法】炒

【制作过程】

1.将鸡蛋煎成蛋皮,切细丝待用;肉丝加料酒、盐、水淀粉拌匀;胡萝卜、大蒜叶、豆腐干、焯水冬笋均切细丝;腌菜、小葱切细粒。

2.炒锅上火热锅后,加冷油烧热,加入清洗过的年糕煸炒回软,加入高汤、料酒、少量老抽、美味鲜酱油、食盐等调味,然后依次加入腌菜粒、肉丝、胡萝卜丝、大蒜叶、豆腐干丝、焯水冬笋丝、盒装豆腐,中火煮 2—4min;成熟后加入味精拌匀装盘,放上鸡蛋丝、香葱粒上桌。

【风味特点】

质地细密,韧性足,汤汁鲜美,富有当地特色。

【知识链接】

在新昌人的食谱里,年糕不仅是必不可少的家常主食,更是一道具有美好寓意的传统小吃,"吃年糕,年年高",逢年过节,招待亲朋好友、远归的游子,来一碗热腾腾的"炒年糕",祝福新的一年里"步步高升""学业有成"。新昌年糕作为一种传统食品,一般村子里的每家每户多少都会准备些晚米打一些储在家里等待来年食用。那时候,打年糕一般都是在腊月左右,一年就一次,打好后用井水浸上,只要勤快换水就可储上四五个月不变味。

11. 马兰头春饼

【菜肴】马兰头春饼

【主料】新昌春饼

【配料】马兰头、豆腐干、胡萝卜

【调料】面粉,熟猪油 100g,盐、味精、蒜各少许

【烹调技法】炒

【制作过程】

1. 将面粉加稍许盐水调成稀糊面团,放置 3h 左右,用平底铛摊成春饼皮。

2. 将马兰头、豆腐干、胡萝卜均洗净切成小丁;炒锅上火热锅后,加熟猪油烧热,加入切好的蒜粒爆香,依次加入马兰头丁、豆腐干丁、胡萝卜丁翻炒至七成熟时,加入盐调味,出锅 1min 前加入味精。

3. 把炒好的马兰头等依次包入春饼皮中,整齐码放于盘中即成。

【风味特点】

有嚼劲,韧性足,里鲜嫩,富有乡村气息。

【知识链接】

春饼在新昌有着特殊的寓意,被人们视为思念之物。民间有一习俗,出门在外的人,一旦收到家乡的春饼,就明白妻儿在思念自己。斗转星移,至今,在新昌人的早饭、中饭、晚饭、家宴、喜宴、寿宴中仍然离不开这道春饼。这一独特的春饼,才是人们表达情感最完美的印证。

嵊州菜

嵊州市,隶属于浙江省绍兴市,地处浙江省东部,北靠杭州市,东邻宁波市,属长江三角洲经济区,总面积为 1789 平方千米,户籍总人口为 72.87 万,流动人口为 8.6 万。嵊州,秦汉时已建县称"剡",至今已有 2100 多年历史,北宋始名嵊县,1995 年撤县设嵊州市。是任光、马寅初、袁雪芬、马晓春等现代文化名人的故乡。还是越剧的发源地。

1.嵊州小笼包

【菜肴】嵊州小笼包

【坯料】面粉

【馅料】猪肉

【调料】食盐、味精、白糖、料酒、香油、姜末

【烹调技法】蒸

【制作过程】

1.和面:面团加水用劲揉,揉好的面要静放备用,把馅调好备用。

2.擀皮:把面揪成大小均匀的剂子,按成圆擀成皮,皮要薄,且均匀。

3.包包子:把馅放入皮中,用手折捏出纹路,包成包子。

4.蒸:水开后,上锅蒸 7—8min,包子就熟了。

【风味特点】

皮薄肉厚,汁多鲜美。

【制作要点】

1.擀皮时要注意擀得中间厚边缘薄。

2.包包子时要注意纹路均匀细密。

2.猪头肉春饼

【菜肴】猪头肉春饼

【主料】猪头

【配料】春卷皮、葱、油条、蛋皮、生菜

【调料】盐、味精、葱、姜、料酒、酱油等

【烹调技法】烧、卷包

【制作过程】

1.将猪头洗净，然后用火烤猪头去毛，将猪耳朵切下，用工具将猪头分解成适当的大块，要不太大了，锅装不下。

2.将切好的猪头放到锅中，开水焯烫后，将料盒（大料、花椒、香叶、桂皮）放入锅内，然后放入酱油、盐、葱姜，炖 1h 左右，直至猪头肉熟为止。

3.将煮好的猪头肉切成片，与葱段、油条、蛋皮、生菜一起卷入春饼皮中。

【风味特点】

酱香浓郁，回味清香。

3.崇仁炖鸭

【菜肴】崇仁炖鸭

【主料】1000g 左右的老鸭 1 只

【配料】猪板油 25g、猪肉皮适量

【调料】葱一小把,老姜 1 块,老抽、盐、黄酒、糖适量

【烹调技法】炖

【制作过程】

1. 猪板油和肉皮洗净备用。鸭子杀好去毛剖好，洗净沥水后，将鸭头从右翅下弯至鸭肚上，用麻线扎紧，备用。葱洗净打成葱结，老姜用刀背拍碎备用。

2. 烧一锅水，水煮开后，肉皮下水焯一下捞起。鸭子也同样焯一下捞起。

3. 将板油和处理好的内脏，塞进鸭肚里。

4. 将鸭子和肉皮、葱结、老姜以及适量的调味料放入高压锅中，加半锅水，压煮 20min。

5. 将高压锅内所有的材料倒在铁锅中，用中小火再炖煮 1h 左右至收汁即可。

【风味特点】

色泽红亮，酥烂可口。

【知识链接】

崇仁炖鸭，是浙江省嵊州市一道非常有地方特色、美味可口的上品佳肴。崇仁炖鸭源于明末清初，在高宗弘历年间已在嵊州等地广为流传。每到冬季，家家户户用土瓦罐焖炖老鸭，老少食之用以进补暖身。乾隆每下江南必去乡村酒肆大解龙馋。到了道光、咸丰年间，崇仁炖鸭已成为江浙地方官年年贺岁的必贡品。时有诗云："紫禁城里龙涎流，崇仁炖鸭岁岁香。"

4.嵊州鸡汁羹

【菜肴】嵊州鸡汁羹

【主料】嫩豆腐、年糕

【配料】鸡汤 300mL、鸡肫、鸡血、榨面、青菜

【调料】淀粉、盐、酱油（生抽）

【烹调技法】煮

【制作过程】

1.年糕泡软后掰小块,榨面捏碎,豆腐和鸡血切成小块,煮熟

的鸡肫切片,青菜切小块。

2.锅里倒入 600mL 水、300mL 鸡汤,煮沸。

3.煮沸后,下年糕丁、豆腐丁、鸡血丁,盖上盖子再煮 3—5min。

4.放青菜、盐,淋酱油调味,用 50mL 温水和淀粉搅拌均匀做淀粉浆来勾芡,用筷子快速搅拌,再用中火煮 1min。

【风味特点】

咸鲜味美,汤汁浓郁。

【知识链接】

鸡汁羹是嵊州传统民间小吃,一般为百姓春节期间款待亲朋所制。

5.炒榨面

【菜肴】炒榨面

【主料】榨面

【配料】肉丝、榨菜、青辣椒丝、胡萝卜、蛋皮

【烹调技法】炒

【制作过程】

1.先将猪肉切丝、榨菜切丁、青辣椒切丝,将切好的三种材料下锅先炒一下,放少许盐,稍微炒一下就可以,不用炒全熟,出锅放

旁边备用。

2.将鸡蛋加少许盐打散,下锅摊成薄薄的蛋皮(将蛋液倒入锅内后,直接拿锅转就可以了,让蛋液均匀散开就可以),出锅后,切成丝,备用。

3.将榨面放在一个锅中,倒入刚烧好的水,待面稍微变软的时候,就可以把榨面弄散放到另一个盆中冲凉水,完全弄散之后,过滤掉水分。

4.在榨面中加入盐、酱油、十三香搅拌。

5.热锅,倒油,等油热了之后,将榨面放入,放入之后用筷子搅拌,这个很讲究手法,是用筷子挑面的方式炒,这样面就不会坨在一起。

6.等榨面炒得差不多的时候,加入之前炒好的猪肉、榨菜和青辣椒,炒一会之后加入蛋丝和葱,用筷子翻炒一下就可以出锅了。

【风味特点】

油而不腻,好吃实惠。

【知识链接】

榨面又名米粉干,为嵊州的传统名小吃之一,主要产于崇仁、中南、黄泽、临城等,以湖荫、溪滩榨面最为有名。榨面以大米为原料,经浸米、磨粉、压榨、浸渗(亦称微发酵)、搅拌、成稞、煮稞、冷却、上榨、成面、煮面、冷浸、成形、晒干(避烈日、背风)等工序制作而成。具有韧而不硬、干而不易碎、形似圆盘、条细而均匀等特点。

榨面,在民间作为家庭生活常备的干粮,烹调时搭配荤素皆宜,炒煮均可,可羹可汤,可菜可点,咸甜适宜,主要吃法有鸡子榨面、炒榨面等。

6.豆腐包

【菜肴】豆腐包

【主料】豆腐泡 200g

【配料】五花肉 50g、胡萝卜 1 个（小一点）、大葱、白玉菇、西兰花

【调料】盐、玉米淀粉、蚝油、生抽、鸡精、姜片、蒜片、料酒各少许

【烹调技法】煮

【制作过程】

1. 豆腐泡开口备用。胡萝卜、大葱洗净备用。

2. 五花肉剁成肉末,大葱、胡萝卜都剁成末。加入盐、生抽、姜末、蒜末、玉米淀粉搅拌均匀。

3. 将调好的肉末塞入豆腐泡内。

4. 锅内置少许油,豆腐泡开口朝下略微煎制一下,加入料酒、热水,放入西兰花、白玉菇,加少许盐、鸡精调味,加盖煮 5—6min 入味。

5. 出锅前淋入少许水淀粉和香油即可装盘。

【风味特点】

芡汁浓郁,咸鲜味美。

7.嵊州豆腐年糕

【菜肴】嵊州豆腐年糕

【主料】年糕

【配料】豆腐、肉丝、青菜、蛋皮

【调料】料酒、盐、鸡精

【烹调技法】煮

【制作过程】

1.将新昌年糕切丝,雪菜切粒,肉切丝,鸡蛋加盐、料酒打散煎成蛋皮切丝,豆腐切小块,备用。

2.热锅,放入适量油,放入肉丝炒至金黄色,放入年糕丝炒至微黄,加雪菜同炒,加料酒、水烧开,放入豆腐烧至汤浓稠,放上蛋丝稍烧,即可出锅。

【风味特点】

汤汁浓郁,咸鲜味美。

【知识链接】

到了腊月二十左右,在绍兴的农村到处是一片舂年糕的场景。舂年糕要选取粳米,用水将米淘净、浸涨,再带水磨成浆,盛入布袋压成块,搓散成糕入笼蒸熟,在石臼中用木杵舂韧,然后搓成圆长条状,压成扁条便成年糕。因带水而磨,因而也叫"水磨年糕"。这舂年糕是一项体力活,身强力壮者才能胜任,俗语谓"黄胖舂年糕,出力勿讨好"(黄胖:肝炎病人乏力),意为舂年糕必须下大力气,否则舂不到底,即使舂到底,木杵被糕黏住,将很难拔出,要三人轮换。每舂一次非百杵不可,舂得有劲,年糕才能绵糯白净。

8.印 糕

【菜肴】印糕

【主料】粳米粉 2000g

【配料】豆沙 1000g

【烹调技法】蒸

【制作过程】

1.将粳米粉加适量的水,搅拌成手一捏可以成团、手放开米粉会散开的程度。

2.将糕底板放好,上面加屉布和夹板,筛上米粉。

3.用竹片将米粉刮平整。再用工具雕出一个个的方块。

4.在方块中放入豆沙馅儿。加了豆沙馅儿的糕点上面再筛上一层米粉,再一次用竹片刮平整。

5.印上花纹。用竹片将糕点一块块切开。

6.将做好的印糕,放到蒸格子里。两层都放好。拿到水开了的锅上蒸。

【风味特点】

色彩丰富,软糯可口。

9.烩榨面

【菜肴】烩榨面

【主料】榨面

【配料】笋干、鸡蛋、肉丝

【调料】盐、味精、葱、油

【烹调技法】烩

【制作过程】

1.锅内置少许油,加肉丝煸炒至发白,加鸡蛋炒开。

2.加笋干略炒一下,加热水至煮开后加入少许盐、味精进行调味。

3.放入榨面,煮制入味后出锅,加入少许的猪油并撒上葱花即可。

【风味特点】

汤鲜味美,口感清醇。

【知识链接】

嵊州榨面,历史悠久,制作精细,是赠送亲朋之礼品。前清时已驰名,是浙江嵊州地方传统名吃之一。风味好,形似面条,具有韧而不硬、干而不易碎等特点。

榨面干燥蓬松,透气性好,耐储藏,经济实惠,是家庭生活常备的优质干粮之一。

榨面烧煮方便,搭配荤素皆宜,炒煮都可,并可做羹、菜。如加鸡蛋或打蛋花于榨面中煮,就叫鸡子榨面,在乡里是用来招待新女婿或贵客的点心。

榨面是嵊州人赠送外地亲戚必不可少的特产之一。外地回乡探亲做客者,亦多携带榨面,与家人团聚吃榨面为一大快事。1962年马寅初先生回嵊探亲,亦买崇仁榨面带往北京。逢年过节,集市上榨面买卖更兴旺。

10.风猪头蒸笋

【菜肴】风猪头蒸笋

【主料】风猪头

【配料】毛笋、青豆

【调料】盐、味精

【烹调技法】蒸

【制作过程】

1.将风猪头去骨,切成薄约 2mm 的厚片,毛笋亦切片。

2.将毛笋焯水去除涩味备用。

3.将风猪头肉、毛笋片依次排放入盘内,中间放上青豆点缀。

4.上笼蒸制约 30min 即可。

【风味特点】

汤鲜味美,口感清醇,风味浓郁。

【知识链接】

风猪头:

农村杀年猪的时候,为了让肉吃得更长久,保存的方法就是制作风肉、风猪头。先往肉上抹盐,然后挂到厨房的上面,可以让烟熏熏,想吃的时候就蒸或者炒菜吃,可好吃了。如果你是城市人,你可以直接抹好盐,挂在窗户的位置,风干,要吃的时候再取下即可。

附件：创新成果和典型案例
——上虞岭南"谢公宴·十碗头"

1. 冰川乌金(红烧土猪肉)

【主料】地道岭南土猪五花肉

【调味辅料】葱、姜、蒜、八角、干红椒、白糖、老抽、生抽、绍兴黄酒各适量

【制作过程】

①岭南土猪五花肉,改刀成 3cm 见方的块,焯水后过冷水;锅中下菜籽油适量,放姜片、肉块爆起香,然后下葱、蒜、八角等继续炒至肥肉收紧为止。

②下黄酒,炒制起香,下老抽、白糖调色调味,大火烧开打去浮沫,改中小火烧 40min,不要加盖。

③糖色制作,宜嫩不宜老。

④加入糖色适量,加生抽调咸淡,改中火烧 15min 左右,收浓汁即可装盘。

【菜肴特点】

力求自然,色泽红亮,肉汁紧实,肥而不腻,酥而不烂。

2.隐潭溪鱼

【主料】活溪沟鱼

【调味辅料】料酒、老抽、美味鲜酱油、白糖、胡椒粉、姜粒、蒜粒适量,干红椒5粒,葱花适量

【制作过程】

①活溪沟鱼,现杀,去净鳃及血污;热锅冷油,爆香菜籽油,下姜粒起香,放入溪沟鱼,单面煎至黄,下蒜粒、红椒,大翻,中火煎另一面,时间宜短不宜长,保证成菜肉汁鲜嫩、汤汁浓醇。

②下料酒、老抽、美味鲜、白糖适量,下清水盖过鱼身,大火烧开,中火煮熟。

③出锅之前撒上葱花、胡椒粉,装盘。

【菜肴特点】

汤汁浓醇,肉汁鲜嫩,咸鲜微甜微辣。

3.康乐年糕(小炒年糕)

【主料】年糕

【调味辅料】土鸡蛋、鞭笋、里脊肉、五香榨菜、菜籽油、料酒、美味鲜酱油、鸡汤、葱花

【制作过程】

①年糕,切筷子粗细的条;鸡蛋烫成蛋皮并切丝,其他料都切成丝。

②锅中下菜籽油,爆起香,下肉丝、榨菜丝炒香,下年糕略炒,烹入少许料酒、少许美味鲜,下鸡汤,烧开至透,加入蛋皮丝,出锅装盘,撒上葱花。

【菜肴特点】

年糕软糯,咸鲜醇厚,极具农家特色。

4.梯田麻鸭

【主料】梯田麻鸭 1 只(生长期 8 个月以上)

【调味辅料】葱、姜、蒜、干红椒、八角、桂皮、豆蔻、草菇各适量;陈年会稽山、白糖、老抽、美味鲜等

【制作过程】

①麻鸭活杀洗净,焯水后再次洗净。

②锅中下色拉油,炒香所有辅料,加入高汤并调料,大火烧开,放入鸭子烧开,中火烧 45min 捞出过凉。

③继续放入锅中,烧 25min,至汤汁浓稠、皮色乌黑亮丽出锅装盘。

④注意点:第二次收汁中途,起汤汁适量做蘸料;麻鸭肉身厚处用针扎便于入味;隔夜要回锅,否则影响口感。

【菜肴特点】

口感浓香有咬劲,浓而不咸,香而不腻。

5.南瓜骨煲(南瓜排骨)

【主料】青板栗南瓜 1 只、鲜排骨适量

【调味辅料】蒜子适量、蚝油适量、美味鲜适量、六月鲜适量、白糖适量

【制作过程】

①南瓜改刀成三角块，排骨砍成 2cm 长段，并油炸至酥。

②蒜子打底，排骨放中间，覆上南瓜块，加入高汤及所有调料，盖上盖子，大火烧开，改小火。

③小火烧 10min，揭开盖子，改中火，用小匙淋汤汁在南瓜上，至汤汁收紧为止。

【菜肴特点】

成菜大气，南瓜香糯微甜，咸淡适中。

6.石浪鸡蛋(炒本鸡蛋)

【主料】土鸡蛋 5 个

【调味辅料】葱花 20g、盐 4g

【制作过程】

①鸡蛋打散,加入葱花、盐调匀。

②热锅滑油,下入菜籽油,爆香,倒入打散的蛋液,翻炒至熟。

【菜肴特点】

外微焦香内软嫩,色泽黄亮诱人。

【制作要求】

油温不宜过高,菜籽油必须爆熟。

7.谢公鸡煲(土鸡煲)

【主料】12 个月以上正宗土鸡母鸡

【调味辅料】岭南烤笋、枸杞 5g、红枣 2 粒、当归 2g、姬松茸 10g

【制作过程】

①鸡洗杀干净,里外鸡油及淋巴去净;焯水至断血水并过凉。

②32 号鼓形康舒煲一只,加冷水、姜块、料酒及以上所有辅料,大火烧开,打去浮沫,盖上盖子,改小火煲 3.5h 至熟。

③上菜时,加热至开,加盐调味,然后换成青花大汤碗上菜。

【菜肴特点】

鲜香滋补。

8.谢锅香芋(石锅香芋)

【主料】自产新鲜毛芋艿

【调味辅料】洋葱 250g、盐、蚝油、辣椒酱、高汤、六月鲜、白糖、自制香油、葱

【器皿】木炭加热铁板

【制作过程】

①毛芋菜蒸熟去皮并改刀,拍生粉,高油温炸制定形。洋葱切成丝待用。

②铁板烤烫,复炸芋艿至起香结壳出锅,锅留底油并加猪油,下蚝油、辣椒酱炒透,下高汤、六月鲜、少许白糖提鲜,待汤汁稠浓时,下入炸芋艿,收汁入味,淋上自制香油。

③铁板烫后垫上洋葱丝,盛入芋艿,淋上汤汁、撒上葱花上菜。

【菜肴特点】

葱香浓郁,芋艿软糯入味,咸鲜香并重。

9.覆卮八宝(八宝饭)

【主料】莲子、豆沙馅、糯米

【调味辅料】猪网油、橘饼、红绿丝、葡萄干、松仁、红枣(去核)、蜜枣等

【制作过程】

①糯米蒸熟成饭,略干,趁热拌入猪油和白糖;莲子冷水胀发并蒸熟,以熟猪油或洗净猪网油打底,放上几根红绿丝,随意撒上葡萄干、炒熟松仁,然后先码入一层糯米饭,依次嵌入蒸熟莲子,再码入一层糯米饭,然后放入豆沙馅,盖上糯米饭,上笼蒸1个小时至透。

②复蒸至透,扣入深青花盘中,淋上糖汁、玻璃芡。

【菜肴特点】

香甜软糯,配料丰富,老少皆爱!

10. 山水之灵（拗碗）

【主料】盐发肉皮、土鸡、笋鞭、土猪肚、手工蛋饺、肉饼子、鱼圆、小青菜、河虾等

【调味辅料】菜籽油、盐、料酒、鸡汤、葱花、胡椒粉

【制作过程】

①所有原料改刀或预制准备好。

②锅中下菜籽油爆香料头，下入相关辅料炒至香，下料酒、鸡汤等，调味烧开并烧至入味。

③把料盛入碗中，原汤中最后放入鱼圆，加热后，盛入盘中，撒上葱花和胡椒粉。

【菜肴特点】

各种原料风味交融，鲜香独特。

【制作要求】

肉皮自然涨发,清洗干净;猪肚清洗干净,加葱姜料酒煮透并用清水浸凉;肉饼子肥瘦相间,水汆并用原汤养着;鱼圆必须打透并加足葱姜水除腥味,微开水煮熟后立马再过凉水保存。